KB149186

| 개정판 |

FOOD
PROCESSING &
PRESERVATION

식품가공
저장학

최순남 · 정남용 공저

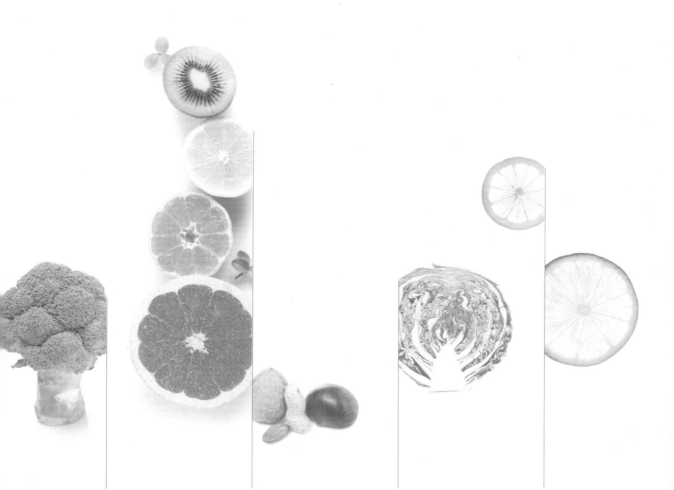

이 책을 펴내면서

　현대 식품산업의 발달로 식품가공 분야도 많은 발전을 거듭해왔으며, 간편하고 영양손실을 최소화하면서 위생적인 가공, 저장방법에 대한 기술이 향상하고 있다. 식품가공저장학은 식품을 수확한 후 가공식품으로 저장될 때까지의 전처리 및 가공에 필요한 여러 단계에 대한 지식과 기술을 이해하고, 또한 식품의 가공과정 중 발생할 수 있는 여러 가지 물리화학적 변화를 규명하며 이를 통하여 합리적이고 과학적인 가공방법을 연구하는 학문이다.

　본 교재는 기초적인 식품가공저장의 내용과 식품별 가공특성 및 가공제품의 제조방법으로 구성하였다. 즉 전반부에는 식품가공저장의 내용을 이해하도록 식품가공저장의 개요, 식품가공저장에 미치는 영향인자, 식품가공저장의 기초공정과 저장공정의 내용을 제시하였다. 후반부에는 식품을 곡류, 과일류, 채소류, 서류, 두류, 견과류 및 종실류, 축산물, 우유, 가금류 및 난류, 수산물, 소스, 주류 및 식초로 분류하여 식품별 가공특성을 이해하도록 하였고, 가공실험을 통하여 식품의 가공과정에 대한 이해를 돕고자 하였으며, 식품기사시험 준비에 필요한 식품가공 분야의 이론과 실험 내용을 일부 삽입하여 도움이 되도록 하였다.

　필자는 20여년 식품가공저장학을 강의해 오면서 식품가공저장에 대하여 좀 더 쉽게 이해할 수 있는 교재의 필요성을 절실히 느껴왔으며 이를 위해 교재를 집필하게 되었다.

　본 교재에 제시된 식품별 가공특성과 이에 관련된 식품가공저장학의 다양한 실험을 토대로 실질적이고 과학적인 가공방법의 연구가 활성화되기를 바라며 전공학생들의 식품가공저장학에 대한 관심과 흥미가 더욱 높아지기를 바란다. 본 저자들은 식품의 가공저장에 대한 끊임없는 관심을 갖고, 미흡하고 필요한 부분을 계속하여 수정하고 보완해 나갈 것이며, 새로운 지식과 정보 및 기술을 수록하면서 가공저장학 분야에서 유익한 교재가 되도록 노력할 계획이다.

　이 책이 출판될 수 있도록 도와주신 도서출판 효일의 김홍용 사장님과 편집부 직원 여러분께 감사드린다.

2018년 3월
저자 일동

식품가공저장학 Contents

식품가공저장학 Contents

식품가공저장학 Contents

- 식품별 가공제품 제조방법 -

식품가공저장학

CHAPTER 01

식품가공저장의 개요

1. 식품가공저장의 정의

식품이란 우리나라 식품위생법에서 '의약으로 섭취하는 것을 제외한 모든 음식물'로 정의되고 있다. 또한 국제연합식량농업기구와 세계보건기구에서는 '인간이 섭취할 수 있도록 완전가공 또는 일부 가공 또는 가공하지 않아도 먹을 수 있는 모든 것'으로 규정하고 있다.

우리나라의 「식품의 기준 및 규격」에서는 가공식품이란 식품원료(농, 임, 축, 수산물 등)에 식품 또는 식품첨가물을 가하거나, 그 원형을 알아볼 수 없을 정도로 변형(분쇄, 절단 등)시키거나 이와 같이 변형시킨 것을 서로 혼합 또는 이 혼합물에 식품 또는 식품첨가물을 사용하여 제조, 가공, 포장한 식품을 말한다. 또한 식품저장이란 식품의 원재료를 그대로 또는 적절히 가공한 상태로 보존하여 식품의 상품가치를 장기간 걸쳐 유지시키는 것으로 품질저하를 최소한으로 방지하고 부패와 변질을 막는 것을 의미한다. 즉, 식품가공저장이란 식품 재료를 가공 처리하여 영양가, 기호도, 편의성, 보존성 등을 향상시키기 위하여 여러 가지 방법으로 식품을 가공하여 저장하는 것이며, 식품재료가 가진 물리화학적, 조직학적, 영양학적 특성이 식품가공의 최적조건에 영향을 미칠 뿐 아니라 가공식품의 품질을 결정하기 때문에 식품재료의 특성에 대한 다양한 지식이 요구되고 있다.

2. 식품가공저장의 목적

식품은 생산에서 소비까지 여러 단계의 과정을 거치게 되는데, 이 과정을 거치는 동안 여러 가지 식품 품질 저하요인의 영향을 받게 된다. 즉 각 단계에서의 미생물 증식과 독소 생성, 효소적 및 비효소적 갈변, 향미 손실, 영양소 손실, 산화 및 환원, 파손 등의 요인을 이해하여 가공단계에서의 적합한 가공 및 저장방법을 적용해야 한다.

식품가공저장의 주된 목적은 식품의 유통기한 연장 및 계절적 영향의 최소화, 식품의 관능적 특성 및 영양가치 향상 그리고 저장성, 운반성 및 유통성 향상, 새로운 맛의 창출로 인한 기호성 증가, 가공과정을 통한 미생물과 효소작용의 조절 및 그로 인한 안전성 증가 등이 있다.

3. 식품가공저장의 분류

가공식품의 종류는 매우 다양하고 새로운 가공식품의 개발로 분류의 범위가 광범위하여 여러 관점에서 분류할 수 있다.

(1) 가공정도에 따른 분류

가공정도에 따라 1차, 2차, 3차, 4차 가공식품 등으로 분류한다.

① 1차 가공식품: 식품을 세척, 절단, 포장한 식품

② 2차 가공식품: 1차 가공식품을 절단하고 양념한 후 발효 등의 과정을 거쳐 제조한 식품

③ 3차 가공식품: 2차 가공식품을 통조림이나 병조림으로 처리한 식품

④ 4차 가공식품: 3차 가공식품을 육류 등 다른 식품과 혼합하여 레토르트식품으로 제조한 식품

(2) 주재료에 의한 분류

주재료에 따라 농산가공, 축산가공, 수산가공식품으로 분류한다.

1) 농산가공식품

① 곡류: 떡, 비스킷, 팝콘, 녹말, 시리얼, 맥주, 청주, 막걸리 등

② 서류: 녹말, 포도당, 물엿, 포테이토칩 등

③ 대두: 두부, 두유, 된장, 간장, 청국장, 콩기름 등

④ 채소류: 침채류, 절임류, 채소통조림, 채소주스, 케첩, 건조채소 등

⑤ 과일류: 과일통조림, 과일주스, 잼, 젤리, 건과 등

⑥ 버섯 및 산채류: 건표고버섯, 고사리, 건조나물 등

⑦ 기타: 설탕, 녹차, 홍차, 인삼, 유채기름 등

2) 축산가공식품

① 육가공: 햄, 소시지, 베이컨, 콘도비프 등

② 유가공: 시유, 연유, 분유, 크림, 버터, 치즈, 요구르트 등

③ 가금류 가공: 훈제오리 등

④ 난가공: 건조란(전란, 난황, 난백), 마요네즈, 피단 등

3) 수산가공식품

① 건조가공: 멸치, 대구포, 오징어포, 쥐포, 황태채, 가다랑어포 등 건어물

② 염장가공: 새우육젓, 명란젓, 오징어젓, 어리굴젓, 창난젓, 황석어젓, 멸치젓 등

③ 연제가공: 소시지, 어묵 등

④ 해조류 가공: 미역포, 다시마포, 한천, 김 등

⑤ 수산통조림: 꽁치통조림, 고등어통조림, 골뱅이통조림, 참치통조림 등

(3) 가공공정에 따른 분류

식품가공에는 다양한 가공공정이 있으며 한 식품이 한 가지 공정으로 가공 처리되는 경우는 거의 없다. 따라서 식품가공은 그 가공목적에 따라 다양한 공정들의 조합에 의해 그 목적을 이룰 수 있으며, 어느 가공처리에 더 중점을 두는지에 따라 다음과 같이 분류한다.

① 도정: 곡류를 도정기로 도정한 식품으로 도정도에 따라 현미, 10분도미(백미), 7분도미, 5분도미 등이 있다.

② 분쇄: 분쇄기로 원료를 분말화한 식품으로 쌀가루, 밀가루, 콩가루, 고춧가루, 인삼가루, 들깻가루, 다시맛가루, 쑥가루 등이 있다.

③ 건조: 햇빛이나 건조기로 건조시킨 식품으로 고사리 등의 건조채소, 황태, 과메기 등의 건어물, 건미역, 건다시마, 건새우, 건홍합, 건표고버섯 등이 있다.

④ 당장, 산장, 염장: 설탕, 식초, 소금물이나 소금 또는 간장을 이용하여 이들 성분을 침투시켜 보존성을 높인 식품으로 잼류, 피클류, 오이지, 장아찌류, 젓갈류 등이 있다.

⑤ 훈연, 훈제: 어육류, 가금류에 훈연 또는 훈제처리를 하여 저장성을 높인 식품으로 베이컨, 소시지, 햄, 연어, 청어, 오리, 닭고기 등에 이용되고 있다.

⑥ 발효: 미생물의 작용을 이용한 식품으로 장류, 식초, 치즈, 요구르트, 술 등이 있다.

⑦ 통조림, 병조림: 채소, 과일, 어패류 등 식품의 저장성 증가를 위해 이용하며, 다양한 통조림 및 병조림 식품이 있다.

식품가공저장에 미치는 영향인자

식품을 가공저장할 때 다소 품질 저하를 보이게 되는데 이는 생물학적, 화학적, 물리적 요인 등 품질 저하에 미치는 여러 가지 영향요인의 결과로 볼 수 있다. 이들 요인은 서로 복합적으로 작용하는 경우가 많으므로 각 요인이 식품에 미치는 영향을 잘 이해하여 식품 가공저장에 적절히 활용하도록 한다.

1. 수분

식품 중의 수분은 용매로서 작용할 수 있는 자유수와 탄수화물, 단백질 등 식품의 구성성분과 결합되어 쉽게 제거하지 못하는 결합수로 나누어진다. 식품 속의 수분은 외부환경 즉 상대습도, 온도 등의 변화에 따라 크게 영향을 받아 감소되거나 증가하는데 이러한 변화로 식품의 물리적 구조 변화가 발생하고, 식품 구성성분의 안정성에 영향을 미치게 된다.

표 2-1 결합수와 자유수의 특성

종류	특성
결합수	• 용매로 작용하지 않는다. • 효소작용에 이용되지 않는다. • 미생물 생육에 이용되지 않는다. • 대기압 하에서 0℃에서 얼지 않고, 100℃ 이상에서 가열해도 제거되지 않는다. • 밀도가 높다.
자유수	• 용매로 작용한다. • 효소작용에 이용된다. • 미생물 생육에 이용된다. • 대기압 하에서 0℃에서 얼고, 100℃ 이상에서 가열하면 제거된다.

수분활성은 일정한 온도에서 순수한 물의 수증기압에 대한 식품 중 물의 수증기압의 비로 나타내며, 식품의 구성성분의 종류나 양에 따라 변하는 특성이 있다. 미생물 생육이나 화학반응은 수분함량보다 수분활성의 영향을 받는다.

따라서 수분활성이 클수록 식품 중의 효소활성과 화학반응의 속도가 빠르고, 미생물 생육에 잘 이용되므로 수분활성이 높은 식품은 낮은 식품에 비해 변질이 더 빠르게 일어난다.

$$수분활성도 = \frac{어떤\ 임의의\ 온도에서\ 식품의\ 수증기압}{동일온도에서의\ 순수한\ 물의\ 수증기압}$$

과일, 채소, 어류 등 수분이 많은 식품의 수분활성도는 0.98~0.99로 높고, 쌀, 두류 등 수분이 적은 식품은 0.60~0.64이며, 비스킷은 0.25~0.26 정도로 낮다. 미생물의 최적 수분활성도를 보면 곰팡이 0.75, 효모 0.85, 세균 0.93 부근이므로 수분활성도를 적절히 조절하거나 낮추면 저장성을 높일 수 있다. 이를 이용한 가공법 종류에는 당장법, 염장법 등이 있으며 식품가공분야에서 다양한 식품 저장에 활용되고 있다.

표 2-2 각 식품의 수분활성도

식품	수분활성도	식품	수분활성도
과일, 채소	0.98~0.99	잼	0.82~0.94
육류	0.96~0.98	건과류	0.72~0.80
치즈	0.95~0.96	쌀	0.60~0.64
햄	0.90~0.92	비스킷	0.25~0.26

2. 산소

산소는 식품 중에 함유된 성분 즉 비타민 A, C, E, 카로티노이드, 향미성분 등을 산화시켜 영양소 파괴, 향미 저하 등 식품의 품질 저하를 일으킨다. 따라서 산소에 의한 품질 저하를 최소화하기 위해 탈기, 산화방지제 첨가, 질소충전, 진공포장, 산소흡착제 봉입 등이 가공공정 중에 실시되고 있다.

산화반응은 식품의 수분함량에 따라 영향을 받게 되므로 건조식품 등의 저장 시 습도조절에 주의해야 한다. 산소는 식품성분의 산화뿐 아니라 유용한 미생물 증식이나 생육에 영향을 미치는 인자이므로 이 특성을 고려한 적절한 가공저장 방법이 사용되어야 한다.

3. 온도

일반적으로 식품의 품질변화를 억제하기 위해 주로 저온에서 저장하지만 저장온도에 따라 식품특성이 품질변화에 영향을 미치기도 하므로 식품원재료나 최종제품의 특성에 맞는 적절한 온도를 유지하는 것이 중요하다.

예를 들어 과채류에서 후숙 과채류(사과, 배, 키위, 바나나, 복숭아, 망고, 모과, 자두, 토마토 등)와 비후숙 과채류(딸기, 포도, 오렌지, 레몬, 라임, 파인애플, 석류, 메론, 오이

등)는 호흡속도와 저장조건에 따라 품질변화가 달라지므로 이들 과채류를 사용하는 동안 최적의 저장온도를 유지하는 것이 바람직하다.

즉 과채류 저장은 저온에서 호흡작용을 억제하는 것이 효과적이기는 하나 후숙 과채류의 경우 저온에서 생리적 장해를 받아 품질 저하가 빨라질 수 있으므로 저장 및 보관 온도 조절에 주의해야 한다.

또한 신선한 식품이라 해도 저온에 오래 저장하면 품질저하가 빨라지므로 저장 기간이 짧은 것이 좋으며 신선도가 떨어지기 전에 소모하는 것이 바람직하다.

표 2-3 과일류와 채소류의 최적 저장온도	
최적 저장온도(℃)	과일류 및 채소류
0~5	사과, 살구, 배, 무화과, 포도, 키위, 오렌지, 자두, 딸기, 브로콜리, 양배추, 당근, 셀러리, 상추, 무, 시금치, 케일 등
5~10	파인애플, 멜론, 오이, 가지 등
10~18	바나나, 레몬, 망고, 호박, 고구마, 토마토 등
18~25	양파, 감자 등

4. 미생물

식품가공에 관여하는 미생물은 매우 다양하며 유익한 것과 유해한 것이 있다. 예를 들어 젖산균의 경우 유익한 작용을 하는데, 균의 증식을 통해 젖산 발효식품을 제조하거나, 발효 중 생성되는 산에 의해 pH가 저하되어 식품의 저장성이 향상된다. 효모는 식빵 등 효모를 사용하는 빵과 주류 제조에 중요한 역할을 하며, 다양한 효모 발효식품을 생산할 수 있다. 한편 통조림 제조 시 탈기, 살균 등의 공정을 시행하여 품질저하의 주요 인자인 혐기성균 등 유해미생물의 작용 및 증식을 억제해야 한다.

미생물의 생육에 영향을 주는 요인은 수분활성도, 온도, pH, 삼투압, 광선, 산소 등이 있으며 식품가공 목적에 맞게 이들 요인을 적절히 조절해 주어야 한다.

1) 수분활성도

수분활성도는 미생물 생육에 중요한 영향인자이다. 미생물의 한계 수분활성도는 세균의 경우 0.86, 효모와 곰팡이는 0.80까지 생육할 수 있지만 내건성 곰팡이는 0.65에서도 생육이 가능하다.

2) 온도

미생물의 생육 가능한 온도범위에 따라 저온균, 중온균, 고온균으로 분류하며 곰팡이, 효모, 일반세균, 대개의 병원균 등 대부분의 미생물은 중온균에 속한다. 미생물은 저온에서는 생육이 정지되고 생육 가능한 최고온도 이상에서는 사멸하므로 이 특성을 이용하여 저온저장이나 가열처리를 하면 식품의 저장성을 높일 수 있다.

3) pH

대부분의 세균은 pH 4~8에서 자랄 수 있다. 젖산균의 경우 pH 3.5에서도 잘 자라지만 대부분의 미생물은 pH 4 이하에서 생육하지 못한다. 따라서 무초절임, 오이피클 등 pH를 조절한 산장법에 의해 미생물의 생육을 억제하여 저장성을 증가시킬 수 있다. 세균에 비해 곰팡이, 효모는 낮은 pH에서도 잘 생육하는데 특히 채소나 과일에 곰팡이가 잘 증식하는 이유는 이들의 생육 pH가 낮기 때문이다.

4) 삼투압

삼투압이 높은 고장액에서 삼투압의 차이로 세포 내의 수분이 세포 외로 이동하므로 세포 내 수분은 30~40%까지 감소되고 이는 세포의 원형질 분리를 일으켜 미생물 증식을 억제하는 결과를 초래한다. 이 원리를 이용한 예로는 당장법, 염장법이 있으며, 이는 당과 소금 등으로 식품의 삼투압을 높여 미생물의 증식을 억제하는 저장법이다.

5) 광선

자외선 중 2650Å 파장 부근의 광선은 강한 살균력을 가진다. 광선의 작용은 미생물의 DNA에 직접 손상을 입히거나 또는 미생물 주위의 물 분자를 이온화시키고 그로 인해 생성된 자유기로 세포내 물질에 대해 간접적으로 손상을 주어 미생물의 증식을 억제한다.

6) 산소

산소 요구도에 따라 호기성균, 미호기성균, 통성혐기성균, 혐기성균, 산소혐기성균 등으로 분류된다. 산소가 있어야만 잘 자라는 호기성균에는 곰팡이 등이 대표적이며, 산소의 유무와 상관없이 잘 자라는 통성혐기성균은 대장균 등이 있으며, 산소가 없는 조건에서 잘 자라는 혐기성균에는 클로스트리디움(*Chlostridium*)속이 있다.

표 2-4 　미생물의 산소요구성에 의한 분류와 특성		
산소요구성	특성	미생물
호기성	에너지 생산에 반드시 산소 요구	곰팡이, 초산균, 슈도모나스속 등
통성혐기성	산소 존재 유무에 상관없이 생육	효모, 대장균, 젖산균 등 대부분의 세균
혐기성	산소가 없는 상태에서 생육	클로스트리디움속

5. 효소

효소는 생체 내 화학반응의 촉매로 작용하며 단백질이 주성분이다. 식품에 함유된 효소는 수확이나 도살 전에는 효소작용이 적절히 잘 조절되어 생체에 미치는 영향이 크지 않다. 그러나 수확이나 도살 후에도 일정기간 활성을 유지하는 특성이 있어 가공저장 중에 변색, 변질, 경직 등 품질저하의 원인이 된다. 효소반응에 영향을 주는 인자는 온도, pH, 기질농도, 특이성, 효소농도 등이 있다.

(1) 효소반응에 미치는 영향인자

1) 온도

효소는 단백질로 이루어져 있기 때문에 열에 대해 약하다. 따라서 최적 활성 온도범위보다 증가하면 변성되어 반응속도가 감소된다. 대개 미생물 효소의 최적 활성온도는 30~60℃이다. 식품제조 공정상 효소는 내열성이 높을수록 좋다.

2) pH

pH는 효소의 활성에 미치는 중요한 인자이다. 대부분의 자연환경이 pH 5~9이므로 미생물 대부분은 이 범위 내에서 최적 pH를 갖는다.

3) 기질농도

효소농도가 일정한 경우 기질농도가 높을수록 효소의 반응속도는 증가하지만 기질이 포화농도 이상 증가하였을 때는 반응속도가 거의 변하지 않고 일정하거나 대사산물 등의 저해작용으로 인해 감소한다.

4) 특이성

효소는 주로 특정한 기질에만 반응하는 기질특이성, 정해진 반응만 촉매하는 반응특이성, 정해진 입체구조에만 작용하는 입체특이성 등이 있다.

5) 효소농도

효소농도가 일정한 경우 초기 반응속도는 기질농도에 비례하나 효소농도가 증가하면 포화상태가 되어 반응속도가 일정해진다.

(2) 식품가공과 관련된 효소

식품가공과 관련된 효소는 탄수화물, 지방 및 단백질분해효소, 핵산분해효소, 폴리페놀산화효소, 티로시네이스 등이 있다.

1) 탄수화물분해효소

α-아밀레이스는 전분의 α-1,4 결합을 무작위로 가수분해하는 효소로 저분자량의 덱스트린을 생성하는 액화효소이며, β-아밀레이스는 비환원성말단부터 전분을 맥아당 단위로 가수분해하는 당화효소이다. 글루코아밀레이스는 α-1,4와 α-1,6 결합을 분해하는 효소이다. 셀룰레이스는 섬유소의 β-1,4 결합을 가수분해하며 인간에게는 없는 효소로 곰팡이, 세균, 효모 등에서 분비된다. 펙틴분해효소는 채소와 과일조직에 존재하여 이들 조직을 연화시키는 작용을 하며, 과즙과 포도주의 청징 공정에 이용된다.

2) 지방분해효소

라이페이스는 중성지방을 가수분해하여 지방산을 생성하는 효소로 식품의 산도를 증가시키며, 치즈나 초콜릿의 독특한 향미를 부여하기 위해 사용하기도 한다. 리폭시데이스는 불포화지방산에 작용하여 과산화물 히드로퍼옥시드를 생성한다. 이 효소가 식품에 존재하면 카로틴, 엽록소 등의 색소를 파괴하고 향미가 손상될 수 있으므로 채소 저장 시 데치기로 불활성시켜야 한다.

3) 단백질분해효소

펩신은 위액에서 분비되며 지모겐(불활성형 효소) 형태로 분비되었다가 위액의 염산에 의해 활성화되어 산성아미노산의 카르복시기와 방향족아미노산의 아미노기 결합을 분해한다. 트립신은 주로 염기성아미노산에 작용하며, 키모트립신은 방향족아미노산의 가수분해에 관여한다.

카텝신은 육류의 사후강직 후 숙성에 관여하는 효소로 육질이 연화되고 보수성이 증가되어 맛을 좋게 한다. 레닌은 응유효소로 이를 이용해 카세인을 응고시켜 치즈를 만드는

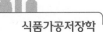
데 사용하며, 파파인은 파파야에 함유된 분해효소로 고기의 연육소, 소화제 등으로 이용된다.

4) 뉴클레오티데이스, 폴리페놀산화효소 및 티로시네이스

뉴클레오티데이스는 고기와 생선의 구수한맛을 내는 성분인 5'-IMP, 5'-GMP와 같은 5'-모노뉴클레오티드를 분해하는 핵산효소이다. 주로 이들 식품의 구수한맛 성분은 5'-IMP로, 저장기간이 오래된 고기나 생선의 맛이 저하되는 것은 5'-IMP가 분해되었기 때문이다.

폴리페놀산화효소는 채소나 과일의 갈변을 일으키는 효소로 폴리페놀화합물인 카테킨이나 클로로젠산을 산화시켜 퀴논류를 생성하고 이들 물질이 축합하여 멜라닌 색소를 형성하는 데 관여한다. 이 효소는 염소(Cl^-)에 의해 활성이 억제되므로 채소나 과일을 가공하는 과정에서 박피 후 소금물에 담가 갈변을 방지할 수 있다.

티로시네이스는 감자에 있는 효소로 갈변에 관여하는 효소이다. 이 효소는 수용성이므로 감자의 껍질을 깎은 후 물에 담가두면 갈변을 방지할 수 있다.

6. pH

pH는 효소반응, 화학반응 및 미생물 증식에 영향을 미치므로 식품저장성, 색, 향미, 질감 등 다양한 식품특성에 중요한 영향을 미치는 인자이다. 주로 과실류나 식초 등과 같이 pH가 산성범위에 있을 때는 대부분의 미생물이 증식할 수 없기 때문에 저장 중 좋은 품질을 유지할 수 있으나 채소류, 육류 등은 다소 높은 pH를 가지면 미생물에 의한 부패가 용이해진다.

식품 색소인 안토시아닌, 엽록소 등은 pH에 따라 색이 변하는데 안토시아닌 색소 변화는 가역적으로 산성에서 적색, 알칼리에서 청색을 띠며, 엽록소는 pH가 산성일 때 비가역적으로 페오피틴(pheophytin)으로 되어 녹황색을 띠게 된다. 또한 비타민의 안정성도 pH에 따라 영향을 받으므로 식품을 가공할 때 유의해야 한다.

식품가공저장의 공정

식품의 가공저장 공정은 선별 및 정선, 세척, 분쇄, 분리 및 여과, 압착 및 흡착, 혼합 및 유화, 증류 및 추출, 농축, 성형 등의 기초공정과 건조, 살균, 냉장 및 냉동, 염장 및 당장, 산장, 훈연 및 훈증, 통조림, 병조림 및 레토르트, 가스저장 등의 저장공정으로 분류된다.

1. 기초공정

(1) 선별 및 정선

식품원료는 크기, 중량, 모양, 비중, 조성, 색 등 물리적 성질이 다르고, 돌, 흙, 금속 등 불필요한 이물질과 농약, 항생물질 등의 화학물질 등이 함유되어 있다.

선별은 이물질을 제거하고 건전한 원료를 가려내는 조작이며, 정선은 일정한 크기나 품질의 원료를 가려내는 조작이다. 선별은 식품의 가공효율을 높이는 공정으로 이 공정을 통해 탈피, 데치기 등 기본적이고 기계적인 가공이 더 용이해지고, 살균, 냉동 처리 시 열의 전달을 균등하게 할 수 있어 작업공정의 표준화가 가능해진다. 또한 용기에 담을 때는 중량 조절이 용이하고, 균일한 모양으로 인한 소비자의 만족도 증가 및 기호성 향상 등의 효과가 있다.

선별과 정선의 기준으로 중량, 크기, 모양, 색 등이 있다. 중량에 따라 선별하는 작업은 과일류, 채소류, 달걀 등의 식품에 주로 이용하며 크기에 의한 것보다 더 정확하다. 크기에 따라 선별하는 방법의 한 가지로 체를 이용하는 방법이 있으며, 주로 분말로 된 가공재료의 분리에 이용된다. 체의 단위는 메시(mesh)로 사방 1인치의 면적에 들어있는 체 눈의 수를 나타낸다. 50, 80, 100, 200 메시 등의 체가 있는데 메시가 클수록 가는 체를 의미하며 통과된 분말의 직경이 작아진다. 크기 선별기는 원료 크기에 따라 구멍으로 통과하여 선별되는 것으로 평판체, 회전원통체 등이 있다. 평판체는 곡류, 향신료, 소금 등에 사용되고, 회전원통체는 콩류 등 회전운동이 가능한 구형의 원료 선별에 이용된다.

같은 재료라 해도 동일한 모양을 갖는 것끼리 벨트-롤러 선별기 등의 기기를 이용하여 분류해 놓으면 가공이 편리하고 효율이 높아진다. 예로 감이나 감자 등을 박피할 경우 동일한 모양과 크기일 때 기기에 의한 박피 효율이 높아지는 것에서 볼 수 있다.

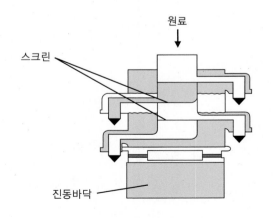

[그림 3-1] 다층 평판체 선별기

색에 의한 선별은 대개 빛을 이용한 것으로 반사와 투과 특성을 이용한다. 반사 선별기는 식품의 표면에 빛을 비추어 반사되는 정도에 의해 착색 정도, 표면의 상처나 흠이 있는 정도 등을 판단할 수 있으며, 투과 선별기는 빛의 투과율에 따라 채소, 과일의 숙성 정도, 중심부의 결함, 달걀의 외부물질 혼입 여부 등을 식별할 수 있다.

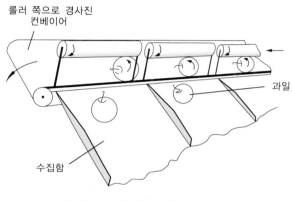

[그림 3-2] 벨트-롤러 선별기

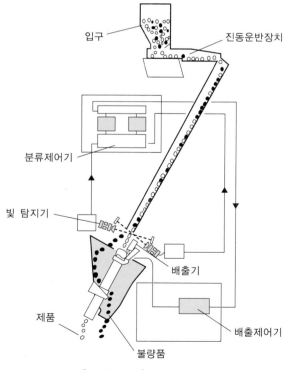

[그림 3-3] 색 선별기

(2) 세척

　세척은 식품원료의 오염물질을 제거하거나 가공식품의 용기나 제품 중에 함유되어 품질을 해치는 오염물을 제거하는 조작으로, 원료의 성질, 오염물질의 종류에 따라 적절한 세척방법을 사용해야 한다. 세척의 종류에는 습식세척법과 건식세척법이 있다.

　습식세척법은 과일, 채소류 등의 먼지나 농약 제거 등에 이용되는데 식품원료의 손상이 적고, 표면에 단단히 부착된 이물질 제거에 효과적인 장점이 있으나 비용이 많이 들고, 표면의 물기 등으로 인해 부패가 용이한 단점이 있다. 습식세척법 종류에는 분무, 침지, 부유, 여과 및 초음파세척법 등이 있다. 분무세척은 다량의 원료를 교반장치에 넣고 물을 세게 뿌리면서 세척하는 방법으로 가장 많이 사용하는 방법이다.

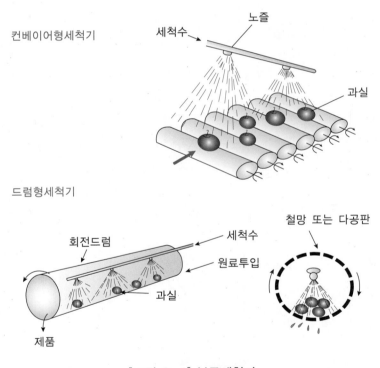

[그림 3-4] **분무세척기**

　침지세척은 원료를 물에 침지시켜 불리면 표면에 부착된 오염물질을 쉽게 제거할 수 있으며, 분무세척의 전처리 과정으로도 사용된다. 조직이 연하고 손상되기 쉬운 원료일 경우에는 기계로 물을 강도 있게 흔들거나 압축공기를 용기 속에 불어넣어 물을 흔들면서 세척하는 것이 더 효과적이다.

부유세척은 오염물질의 밀도와 부력차이를 이용한 방법으로 밀도가 높은 물질은 물에 가라앉기 때문에 분리, 제거하고 밀도가 낮은 물질은 떠올라 각각 분리할 수 있다. 초음파 세척법은 초음파를 사용하여 음압에 의해 고압, 저압으로 급격히 압력을 변화시켜 기포가 생겼다 없어지는 것을 반복하면서 표면에 붙은 불순물을 세척하는 방법이다. 달걀이나 채소 사이의 모래나 흙, 과일 표면의 왁스 등을 세척하는 데 사용한다.

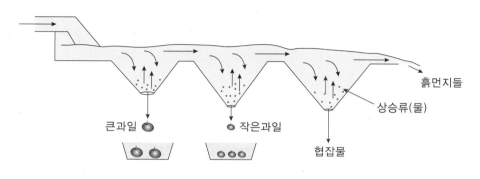

[그림 3-5] 부유세척기

건식세척법은 원료의 수분함량이 적고 크기가 작으며, 기계적 강도가 높은 곡류나 견과류 등에 이용되며 비용이 적게 들고 폐기물 처리가 용이하다. 건식세척법 종류에는 체질, 사별, 흡인, 연마 등의 방법이 있으며 이들의 원리를 이용한 건조세척장비로는 송풍분류기, 마찰세척기, 자석세척기 등이 있다. 송풍분류는 기기의 공기흐름에 의해 오염물질을 분리하는 것으로 가벼운 오염물질이 부력에 의해 제거될 수 있다. 마찰세척은 세척기기와 재료의 상호접촉 또는 식품재료의 상호마찰에 의해 오염물질이 제거되도록 한 것이다. 자석세척은 강한 전자기장 속으로 원료를 통과시키면서 금속이나 각종 이물질을 제거하는 방법이다. 따라서 원료의 다양한 특성과 가공목적을 고려하여 적합한 세척방법을 선택, 사용하도록 한다.

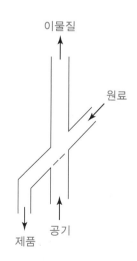

[그림 3-6] 송풍분류기

(3) 분쇄

분쇄는 식품원료를 기계적으로 원래의 크기보다 작게 부수는 조작이다. 고체 식품의 원료를 작은 사이즈로 만드는 방법으로 절단, 마쇄, 제분 등의 방법이 있다. 예를 들어 절단은 과일이나 채소를 작게 써는 것이고, 마쇄는 재료를 분말로 만드는 공정이며, 제분은 곡류의 입자를 가루로 만드는 공정으로 쌀가루, 밀가루 등을 만드는 과정이다. 분쇄공정의 목적은 식품원료의 이용가치와 제품의 품질을 향상시키고, 원료에 함유된 유용한 성분의 추출 및 분리를 용이하게 하며, 원료의 표면적 증가로 건조, 추출, 용해 등의 공정에 소요되는 처리시간이 단축되고 물리적 특성이 상승되는 데 있다. 또한 다른 재료와의 혼합으로 균일한 제품을 얻을 수 있고, 재료의 가공적성을 최적화할 수 있으며 최종제품의 기호성을 상승시킬 수 있다.

분쇄기의 종류에는 해머밀, 볼밀, 롤밀, 핀밀 등이 있다. 분쇄기 선정은 원료 특성, 원료에 함유된 수분함량, 온도조건 등을 고려하여 선정해야 한다. 원료 특성은 원료의 크기, 양, 이화학적 특성, 분쇄 후 입자의 크기 등을 고려해야 한다. 원료의 수분함량이 3% 이상이면 분쇄기가 막히고 분쇄효율이 감소할 수 있으며, 건조한 고체를 분쇄할 경우는 먼지가 많이 발생할 수 있다. 따라서 밀이나 옥수수 제분 시에는 수분 조절을 엄격히 해야 한다. 또한 분쇄 중 마찰열에 의해 온도가 상승하여 재료의 품질열화가 발생할 수 있으므로 액체질소를 식품 표면에 분사하여 순간적으로 동결시킨 후 분쇄하면 품질열화를 억제하고 미세하게 분쇄할 수 있으며, 발열에 의한 물성변화나 영양소 파괴를 방지할 수 있으므로 향신료나 조미료 분쇄에 이용하면 향미의 보존에 효과적이다.

표 3-1 　　분쇄기의 종류와 특성

종류	특성
해머밀	회전축의 원판둘레에 여러 개의 해머가 부착된 고정해머와 회전속도에 따라 움직이는 스윙해머가 있다. 해머에 부딪치는 충격으로 원료를 작게 분쇄한 후 체를 통과시켜 분리한다. 설탕, 소금, 곡류 등의 분쇄에 사용된다.
볼밀	수평원통에 직경 2~15cm의 단단한 볼을 넣어 원료와 함께 회전시키면서 분쇄한다. 수분이 3~4% 이하의 재료에 적당하며 곡류와 향신료 분쇄에 사용된다.
롤밀	간격을 조절할 수 있는 두 개의 롤이 회전하면서 전단력와 압축력에 의해 식품이 분쇄된다. 홈이 표면이 파인 조쇄롤은 원료를 거친 입자로 분쇄하고 매끄러운 표면의 활면롤은 조직이 연한 재료를 곱게 분쇄하는 데 사용한다. 밀, 쌀, 옥수수, 콩 등의 분쇄에 이용된다.

디스크밀	맷돌 형태이며 디스크 면에 돌출부위가 있어 빠르게 회전하면서 식품을 마쇄한다. 회전하는 디스크가 하나인 단일 디스크밀과 디스크 2개가 반대 방향으로 회전하면서 분쇄효율을 향상시킨 이중 디스크밀 등이 있다.
핀밀	고정원판과 고속으로 회전하는 원판에 작은 막대모양의 핀이 붙어 있어 고정핀 사이에서 고속회전하는 핀의 충격으로 원료가 분쇄되는데 마찰열이 생기므로 열에 민감한 원료의 분쇄에는 주의한다. 주로 전분, 곡류, 콩 등의 분쇄에 이용된다.

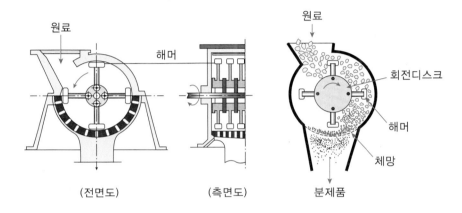

[그림 3-7] 해머밀

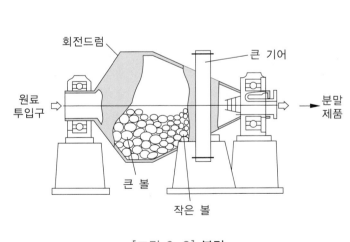

[그림 3-8] 볼밀

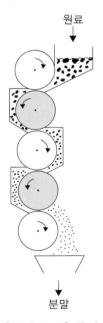

[그림 3-9] 롤밀

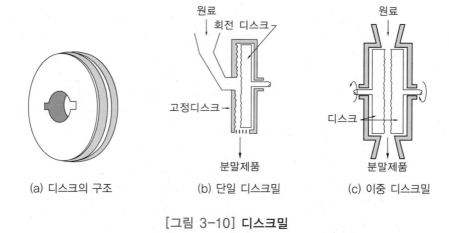

(a) 디스크의 구조	(b) 단일 디스크밀	(c) 이중 디스크밀

[그림 3-10] 디스크밀

(4) 분리, 여과 및 막분리

1) 분리

　분리란 어떤 물질에서 특정 부위나 성분을 분리하거나 뽑아내는 조작을 말하며, 그 예로는 고체에서 고체를 분리하는 감자의 박피, 고체에서 액체를 분리하는 과일의 착즙, 액체에서 액체를 분리하는 우유의 크림 분리, 고체나 액체에서 기체를 분리하는 통조림의 탈기 등 식품의 가공공정에서 다양하게 활용되고 있다.

　침강분리는 고체와 액체가 혼합되어 있는 현탁액에서 액체 양이 고체보다 더 많을 때 이용되는 방법으로 정치시켰을 때 고체입자가 중력에 의해 가라앉으면 분리해내는 조작이다. 예를 들어 과육이 혼합된 과즙 등의 현탁액에서 고체를 분리하여 청징한 과즙을 만들기 위해서 또는 녹말 현탁물에서 녹말을 침전시켜 분리하기 위한 목적으로 이용된다. 원심분리는 두 가지 이상의 물질의 밀도차가 크지 않아 침강속도가 매우 느린 경우 이용하면 분리시간을 단축할 수 있으며 우유에서 크림층의 분리 및 주스 청징 등의 공정에서 사용된다.

2) 여과

　여과는 액체 중의 불순물이나 침전물을 걸러내는 조작으로, 여과제를 통과하여 얻어지는 액체를 여액이라 하고, 여과제를 통과하지 못한 고형물을 여과박이라고 한다. 여과를 통해 고형물이 제거된 액체를 얻기 위해 이용되지만 동시에 고형물을 얻는데도 이용할 수 있는데 예를 들어 두부를 만들 때 여액인 두유액과 여과박인 비지를 분리하여 각각 이용할 수 있다.

여과기의 종류는 상압을 이용한 중력여과기, 압력을 이용한 감압여과기 및 가압여과기로 분류되는데 식품공업분야에서는 압력을 가해 빠른 속도로 여과하는 가압여과기가 많이 사용된다.

3) 막분리

막분리는 상의 변화 없이 물질을 분리하는 조작으로 종류에는 정밀여과, 한외여과, 역삼투 등이 있다.

정밀여과는 비열처리로 효모, 박테리아 등을 제거할 수 있으며 맥주와 와인의 여과에 이용한다. 한외여과는 막을 통해 고분자물질과 저분자물질을 서로 분리하는 방법으로 우유가공 시 유청에서 단백질과 젖당을 분리해 내는데 이용하거나 살균 및 제균에도 이용한다. 역삼투법은 반투막을 사이에 두고 농도차이에 의해 생성된 삼투압보다 더 높은 압력을 농도가 진한 용액 쪽으로 가하여 진한 용액의 용매를 농도가 묽은 쪽으로 이동시켜 진한 용액을 더 농축시키는 방법이다. 이 방법은 바닷물을 민물로 만들기 위해 개발된 기술로 식품가공 분야에서 주로 과일 또는 채소주스를 농축시키는 데 사용한다. 막분리는 열을 가하지 않으므로 식품성분의 열손상이 없고 휘발성 물질의 손실이 적어 재료의 맛과 향 성분이 보존될 수 있다.

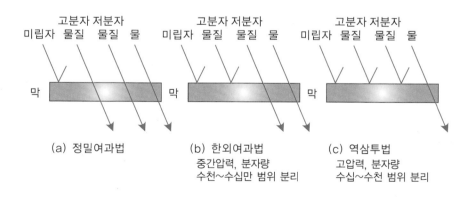

[그림 3-11] 막분리 종류 및 특징

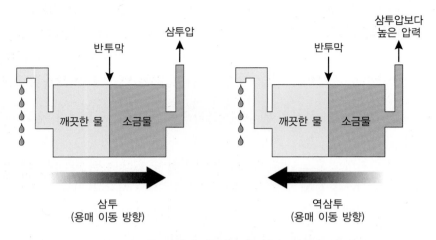

[그림 3-12] **삼투압과 역삼투압에 의한 용매 이동**

(5) 압착 및 흡착

1) 압착

압착은 강한 압력을 가하여 고체 중의 액체를 분리하는 조작을 말하며, 이 방법은 식물성기름을 짜내거나 과일의 착즙 등에 널리 이용되는 방법이다. 압착기는 압축력을 가하는 부분과 액체성분을 잔류 고체성분으로부터 분류할 수 있는 여과부분으로 구성되어 있다. 스크루식 압착기는 과일주스와 착유에 널리 사용되며, 롤러압착기는 사탕수수에서 원당액을 추출할 때 주로 사용된다.

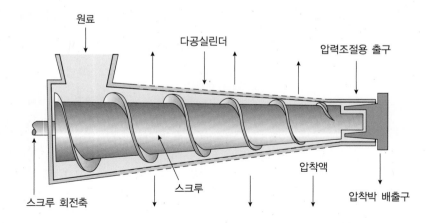

[그림 3-13] **스크루식 압착기**

2) 흡착

흡착은 기체나 액체를 다공질이나 이온교환능력을 가진 고체에 접촉시키면 특정성분이 고체에 결합하는 성질을 이용한 방법이다.

흡착제에는 활성탄, 실리카겔, 산성백토, 이온교환수지 등이 있다. 활성탄은 다공질로 내부 표면적이 커서 물, 수용액의 탈색과 정제 등에 이용되고 있다. 실리카겔은 다공질 구조로 공기 중 수분이나 습기제거에 효과적이어서 김, 혼합곡식 등 가공식품의 포장 내에 넣어 제습제로 활용하기도 한다. 산성백토는 주성분이 염화알루미늄으로 유지의 탈취, 탈색에 이용되고 있으며, 이온교환수지는 이온성 물질을 선택적으로 흡착하므로 이를 이용하여 물과 수용액의 정제에 이용하기도 한다. 이온교환수지의 종류에는 음이온을 흡착하는 음이온교환수지, 양이온을 흡착하는 양이온교환수지가 있다.

(6) 혼합 및 유화

1) 혼합

혼합은 두 가지 이상의 원료를 균일하게 섞는 공정으로 혼합 정도는 성분의 입자 크기와 모양, 혼합기의 효율성, 수분함량 등 여러 조건에 의해 영향을 받는다. 혼합공정으로 원료 내의 성분이 동일한 비율로 균일하게 혼합, 분포되어야 하고, 단시간에 혼합제품을 얻을 수 있어야 한다. 따라서 혼합재료의 특성에 맞는 혼합기기의 선택이 요구된다. 식품재료의 혼합에 의해 물리적 성질이 변하고, 화학적 변화를 일으켜 반응속도를 촉진시키며 단일재료에 없었던 독특한 물성을 얻을 수 있다. 혼합에 관련된 용어로는 교반, 반죽, 균질화 등이 있다. 교반은 액체와 액체, 액체와 고체 등의 혼합을 말하며, 반죽은 고체와 액체의 혼합으로 밀가루 반죽을 예로 들 수 있다. 균질화는 입자를 작은 크기로 쪼개어 고루 혼합되도록 하는 것으로 예로 우유의 지방구 균질화 등이 있다. 고속혼합균질기는 프로펠러 전단작용에 의해 점도가 비교적 낮은 액체나 고형분이 용해된 액체를 교반, 혼합한다.

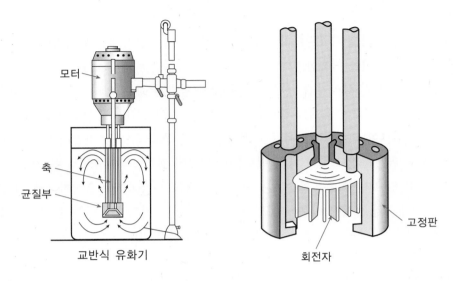

교반식 유화기

[그림 3-14] 고속교반형 균질기

혼합기 종류에는 텀블러혼합기, 스크루혼합기, 리본혼합기 등이 있다. 텀블러혼합기는 용기 속에 원료를 넣고 뒤집기를 반복하면서 혼합시키는 것으로 주로 고체 식품끼리 혼합하고자 할 때 사용한다. 스크루혼합기는 두 개의 스크루가 왼쪽과 오른쪽으로 각각 회전하는데 이들 스크루 회전에 따라 앞뒤, 위아래로 회전하면서 혼합하는 원리를 가지며 혼합과 동시에 혼합물을 모으는 곳으로 수송이 될 수 있는 장점이 있는 반면에 스크루와 식품 사이의 마찰로 식품이 부서지는 단점이 있다.

리본혼합기는 스크루혼합기와 원리가 비슷하나 스크루 축 부분에서의 마찰을 줄이면서 혼합효과를 높이도록 제조된 것으로, 축이 회전하면서 입자들이 서로 반대방향으로 움직이면서 섞이게 되며 라면스프를 제조하는 데 많이 사용된다.

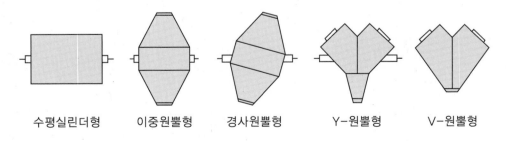

수평실린더형   이중원뿔형   경사원뿔형   Y-원뿔형   V-원뿔형

[그림 3-15] 텀블러혼합기

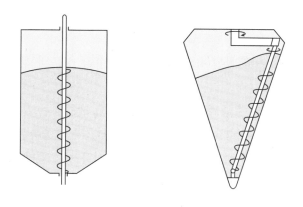

[그림 3-16] 스크루혼합기

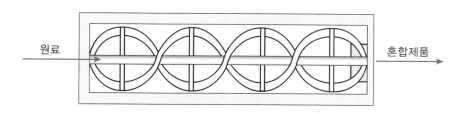

[그림 3-17] 리본혼합기

2) 유화

유화는 섞이지 않는 두 종류의 액체를 균일하게 혼합하여 교질상태로 혼합하는 조작이다. 예로 물과 기름과 같이 섞이지 않는 혼합물의 경우 인지질과 같이 소수기와 친수기를 가진 유화제를 넣고 혼합하면 안정된 유화액을 형성할 수 있다. 유화액에는 우유, 마요네즈, 케이크반죽, 잣죽과 같이 물에 기름이 분산되어 있는 수중유적형과 버터, 쇼트닝, 마가린과 같이 기름에 물이 분산되어 있는 유중수적형이 있다. 또한 프렌치드레싱과 같은 일시적 유화액과 마요네즈와 같은 영구적 유화액이 있다.

유화기 종류에는 교반형유화기, 가압형유화기가 있다. 교반형유화기는 교반기와 유사한 구조를 가지고 있으며 고속회전 터빈을 사용하여 액체를 작은 방울로 분쇄하여 균질화하는 원리를 갖는다. 가압형유화기는 액체가 좁은 간격 또는 구멍을 고압으로 통과할 때 균질화하는 원리를 이용한 것이다.

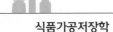

(7) 증류 및 추출

1) 증류

두 종류 이상의 화합물이 혼합된 용액을 가열하면서 각 성분의 끓는점의 차를 이용하여 분리하는 조작이다.

증류는 단증류, 분별증류, 수증기증류로 분류되는데, 단증류는 혼합성분의 끓는점 차이가 큰 경우 사용하며 주로 위스키를 증류할 때 사용한다. 분별증류는 증류한 성분을 각 특정 온도에서 다시 분리하는 방법으로 공장에서 많이 사용하고 있다. 수증기증류는 고온에서 열분해가 용이하고 물에 잘 용해되지 않는 물질을 저온에서 그리고 상압과 진공 하에서 증류하는 방법이다. 증류는 브랜디, 위스키, 고량주 등의 증류주를 제조하거나 과즙농축, 유지와 용매의 탈취, 용매 회수, 지용성비타민 증류 등에 이용된다.

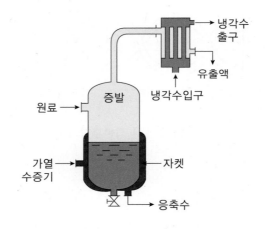

[그림 3-18] 단증류장치

2) 추출

추출은 용해도 차이를 이용하여 고체 또는 액체 원료에서 원하는 물질을 용출, 분리 또는 농축하는 조작이다. 추출효율은 농도차가 클수록, 원료의 표면적이 넓을수록, 추출온도가 높을수록 증가한다.

추출용제에는 헥산, 벤젠, 에탄올, 아세톤 등이 사용되는데 추출제의 특징으로는 가격이 저렴하고 용점과 비등점이 낮아야 하며 인화의 위험이 없어야 한다. 제품의 냄새, 맛 등에 영향을 미치지 않아야 하며, 원하는 성분을 선택적으로 잘 용해해야 한다. 또한 화학적으로 안정되어 있고 독성 및 기구에 대한 부식성이 없어야하며, 식품원료의 특성에 적합한 추출제이어야 한다.

추출공정은 대두, 옥수수 등에서의 유지 추출, 인스턴트 커피 제조, 엑기스성분의 추출, 사탕무 또는 사탕수수로부터의 설탕 추출 등에 이용된다.

(8) 농축

농축은 끓는점을 이용하여 재료 중의 수분을 일부 제거함으로써 액체 중의 용질농도를 높이는 조작이다. 농축제품으로는 당시럽, 페이스트, 퓌레, 연유 등이 있으며 최종제품의 형태는 액상이다. 농축공정은 건조제품을 만드는 전처리 과정으로도 이용되며, 농축에 의해 새로운 물성과 풍미, 맛이 부여되고, 수분활성도의 저하로 미생물 증식이 억제되어 제품의 보존성을 높이며, 제품의 부피가 감소되어 수송경비가 절감될 수 있다.

농축방법에는 증발농축, 동결농축, 진공농축, 막농축 등이 있으며 그 외에도 한외여과, 역삼투법 등이 있다. 따라서 원료의 물리적, 화학적 특성에 맞는 농축 방법을 선택해야 한다. 증발농축에는 태양열농축, 박막농축, 오픈케틀 등이 있다. 태양열농축은 태양열을 이용하여 용매를 농축시키는 것으로 염전에서 소금을 만드는 과정을 예로 들 수 있는데 이 방법은 시간이 오래 걸리는 단점이 있다. 박막농축은 농축할 식품을 피막형태로 농축시키거나 기계적 교반으로 막을 생기게 하며 농축시키는 것으로 토마토페이스트, 육즙 등 열에 민감한 제품의 농축에 이용된다. 오픈케틀은 직접 가열하거나 또는 증기에 의해 가열된 용기 안에서 농축시키는 것이다. 고온에서 장시간 농축하므로 품질 열화가 발생하나 캐러멜화로 갈변이 일어나고 독특한 풍미가 발생한다. 주로 메이플 시럽 제조에 이용된다.

증발농축의 문제점은 농축에 의해 점도가 상승하므로 열 순환이 잘되도록 기기적 순환장치를 해 주어야 하고, 공정 중 발생하는 거품으로 인해 농축이 방해되므로 소포제 등을 사용해야 한다. 농축과정 중 점도가 상승하여 농축기에 관석이 발생하기도 하는데 관석은 펙틴, 당류, 단백질, 섬유질 등의 고분자로 구성된 것으로 증발관의 가열부 표면에 딱딱한 층을 형성하는 것을 말한다. 관석에 의해 열순환이 균일하지 않고 열전달의 효율성이나 속도가 감소되어 증발을 저해하게 되므로 용액의 순환속도를 높여주어야 한다.

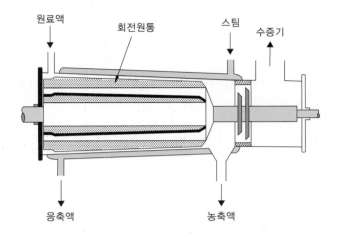

원료액　회전원통　스팀　수증기

응축액　농축액

[그림 3-19] 교반형 박막농축기

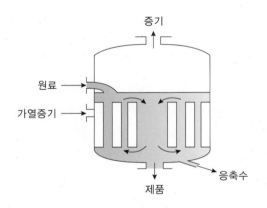

증기

원료

가열증기

응축수

제품

[그림 3-20] 오픈케틀

　동결농축은 순수한 물이 용액성분 중 가장 먼저 동결되는 원리를 이용한 것으로 동결된 얼음을 분리, 제거하여 농축하는 방법이다. 저온으로 행해지므로 열에 의한 품질열화를 막을 수 있고 휘발성 성분의 소실을 방지하여 고형분의 농도가 높고 품질이 좋은 농축제품으로 만들 수 있다. 오렌지주스 등 과즙농축에 이용한다.

　그 외에도 압력을 낮추어 끓는 온도를 낮춤으로써 품질저하를 방지하고 증발효율을 높이는 진공농축과 물만 통과되는 막에 압력을 가하여 농도가 진한 용액의 물을 분리하여 농도를 더 높이는 막분리농축 등이 있다.

(9) 성형

성형은 여러 가지 방법으로 원료의 모양과 크기를 바꾸어 가공식품의 특성에 맞는 모양, 형태 및 크기를 만드는 조작이다. 성형방법에는 주조성형, 압연성형, 압출성형, 응괴성형, 과립성형 등이 있다.

주조성형은 과자류, 빙과류, 소시지, 두부와 같이 일정한 모양의 틀에 넣어 찍어낸 후 가열 또는 냉각으로 굳히는 방법이다. 압연성형은 분말상태의 식품을 반죽하여 이를 두 개의 회전하는 롤 사이로 통과시키면서 일정한 두께의 면대를 만들고 이를 세절하여 성형시키는 것으로 껌이나 국수 제조에 이용된다. 압출성형은 노즐과 같은 작은 구멍을 통해 압력으로 재료를 밀어내어 일정한 모양을 가지게 하는 방법으로 비발열방식과 발열방식이 있다. 비발열방식은 온도나 압력의 변화가 없어 조직과 물성을 변형시키지 않고 성형하는 것이며, 발열방식은 내부온도와 압력이 증가하여 원료의 물성 등을 변화시키면서 성형하는 것이다. 전분질 식품의 가공, 스낵식품, 인조단백질, 마카로니 제조 등에 이용되며 팽화식품을 간편하게 제조할 수 있다.

응괴성형은 분말주스, 인스턴트 커피, 조제분유 등 입자가 작은 분말을 응집시켜 응괴형태로 만들어 용해도를 높인 방법이며, 과립성형은 젖은 분체상태의 식품이 구멍이 있는 회전드럼 속에서 압출될 때 회전틀에 의해 펠릿으로 성형되는 방법으로 과립형 자일리톨 껌이나 초콜릿 등의 제조에 이용된다. 절단성형은 스테인리스 선이 장착된 틀을 이용하여 치즈 등을 일정한 면적과 모양으로 잘라내는 방법이다.

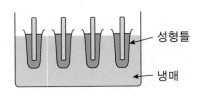

(a) 주조성형

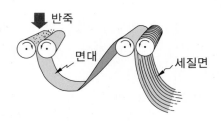

(b) 압연성형

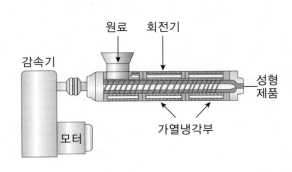

(c) 압출성형

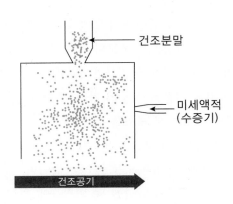

(d) 응괴성형

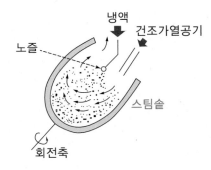

(e) 과립성형

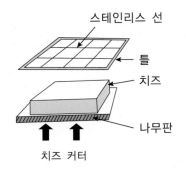

(f) 절단성형

[그림 3-21] 성형의 종류

2. 저장공정

(1) 건조

건조는 식품의 수분을 제거하여 수분활성도를 저하시키고, 식품부패나 변패의 원인이 되는 미생물의 증식, 효소반응 등을 억제하여 저장성을 향상시키는 조작이다. 건조공정으로 중량이 감소되어 수송, 보관, 포장 및 유통을 용이하게 해주며 독특한 맛, 향 및 색의 형성으로 상품가치가 증가하는 효과가 있다. 식품을 건조할 때 영향요인은 표면적, 성분특성, 건조기기의 공기흐름의 속도와 방향 및 온도 등이 있다.

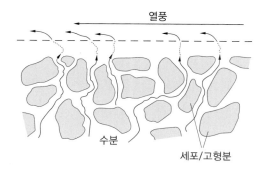

[그림 3-22] 건조 시 식품의 수분 이동

표 3-2	건조에 미치는 영향인자
영향인자	**특성**
식품의 표면적, 두께 및 크기	식품 표면의 수분 증발속도는 표면적에 비례하고, 건조할 식품의 두께가 얇고 크기가 작을수록 건조가 잘 된다.
식품의 성분 및 조직	식품의 성분 중 지방이나 콜로이드 물질이 혼합되었을 경우 건조속도가 느리고, 다공성 조직일 경우 건조속도가 빠르다.
공기속도	공기 흐름이 빠를수록 건조속도는 비례적으로 증가한다.
공기방향	공기가 식품표면에 평행으로 흐르면 건조속도가 빠르다.
공기온도	공기온도가 높을수록 건조속도는 빠르지만 너무 고온이면 품질이 저하되므로 주의한다.
습도	습도가 높을수록 건조속도는 감소한다.

건조 중에 수축현상, 표면경화, 성분의 석출, 갈변현상, 영양가 변화, 단백질 변성 및 지방 산패 등 물리화학적 변화가 나타날 수 있다. 건조제품은 수분을 재흡수하는 경향이 있고 공기와의 접촉으로 인해 산화가 일어날 수 있으므로 습기를 차단하는 포장재를 사용하

거나 산소와 빛의 차단에 주의해야 한다.

건조방법에는 천일건조, 자연동결건조, 열풍건조, 진공건조, 동결건조, 드럼건조 등이 있으므로 식품재료의 특성에 맞는 적절한 건조방법을 선택하도록 한다.

천일건조는 태양 복사열과 자연바람으로 수분을 제거하는 방법으로 특별한 설비나 기술이 필요하지 않아 경비가 저렴하나 건조에 장시간이 소요되고 먼지, 파리 등의 피해로 품질이 저하될 수 있다. 태양의 직사광선을 피하고 바람이 잘 통하는 그늘에서 건조시키면 표면경화현상이 억제되어 변형을 최소화할 수 있으며 균일하게 건조된 제품을 얻을 수 있다. 자연동결건조는 밤에는 식품 중의 수분이 얼고, 주간에는 녹기를 반복하면서 건조시키는 방법으로 스펀지형 다공질 구조를 가진 제품을 만들 수 있으며 이를 이용한 식품의 예로 황태가 있다.

열풍건조는 열원과 송풍기를 이용하여 열풍을 만들어 건조하는 방법으로 다양한 특성을 가진 건조기가 있다. 열풍건조기의 종류에는 분무 건조기, 킬른 건조기, 회전 건조기, 터널 건조기, 기송식 건조기, 부상식 건조기 등이 있다.

표 3-3 열풍건조기의 종류와 특성

종류	특성
분무 건조기	가장 많이 사용되는 건조기이다. 미세 액체 입자를 건조실 내로 분무하여 열풍과 접촉시키면서 순간적으로 건조시킨다. 건조속도가 신속하므로 열에 약한 식품의 건조에 유용하여 인스턴트커피, 분유, 분말 유아식, 분말 달걀 등에 이용한다.
킬른 건조기	열풍을 수평 또는 수직으로 순환시켜 신선한 공기의 흡입량과 열풍의 재순환량을 조절하여 건조시킬 수 있다. 시설비가 적게 들고 사용방법이 간단하다. 과일, 채소, 향신료의 소량 건조에 주로 사용한다.
회전 건조기	원통형 장치를 약 5° 기울인 상태로 회전시키면서 식품을 위에서 아래 방향으로 보내 열풍으로 건조한다. 가루 형태의 포도당, 빵가루 등의 건조에 사용한다.
터널 건조기	열풍이 순환하는 긴 터널로 과일이나 채소를 궤도 운반차에 실어 이동시키면서 건조를 하는 방법으로 대량 건조가 가능하다. 공기의 흐름방향과 식품의 이동방향이 같은 병류식과 반대방향인 항류식이 있다. 병류식은 초기 건조속도가 빨라 표면의 형태가 고정되므로 밀도가 낮은 제품을 얻을 수 있으며, 항류식은 다습한 공기와의 접촉으로 초기건조속도가 낮으므로 수축이 계속되어 밀도가 높은 제품을 얻을 수 있다.
기송식 건조기	건조할 식품을 뜨거운 열풍 속으로 투입하여 떠 있는 상태로 이동시키면서 건조시킬 수 있으며 건조속도가 빠르고 균일한 제품을 얻을 수 있다.
부상식 건조기 (유동층 건조기)	분말식품의 아래쪽으로 열풍을 올려 부력에 의해 식품이 위로 뜨면서 재료와 열풍의 접촉을 통해 건조시키는 방법으로 건조속도가 빠르다. 쌀, 보리, 옥수수, 두류의 건조에 사용한다.

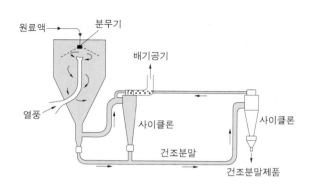

[그림 3-23] 분무 건조기

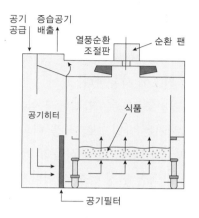

[그림 3-24] 킬른 건조기

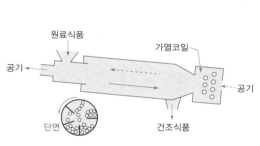

[그림 3-25] 회전 건조기

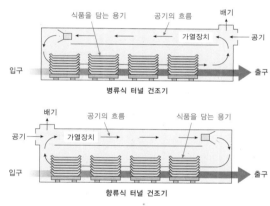

[그림 3-26] 터널 건조기

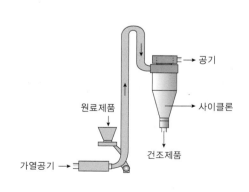

[그림 3-27] 기송식 건조기

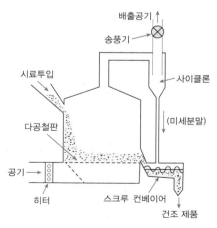

[그림 3-28] 부상식 건조기

　진공건조는 식품을 감압이나 진공상태로 하면 저온에서도 수증기가 증발하여 건조되므로 열변성을 최소화하면서 건조할 수 있다. 상압에서는 100℃에서 증발되지만 50mmHg에서는 37~39℃에서 증발되는 원리를 이용한 것이다. 시설비가 많이 들므로 열에 민감한 식품의 건조에 사용한다.

　동결건조는 낮은 압력에서 얼음이 바로 기체수증기로 승화되는 현상을 이용하여 식품을 건조시키는 방법으로, 식품 내의 수분을 동결시킨 후 수증기로 승화시켜 건조시키므로 열에 민감한 액체, 고체 식품의 건조에 주로 이용된다. 비타민과 향 성분의 손실이 적고, 산화나 단백질 변성 등이 일어나지 않으며 건조에 의한 표면경화현상이나 수축현상이 일어나지 않는 장점이 있다. 육류, 버섯의 건조, 향미가 중요한 홍차, 수프, 천연조미료 등에 사용된다.

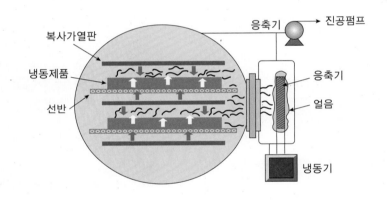

[그림 3-29] 동결 건조기

　드럼건조는 고형분 함량이 많아 분무건조하기 어려운 경우, 점도가 높은 액체, 페이스트, 퓌레 형태의 식품을 고온의 드럼표면에 가하면 피막 형태로 얇게 입혀지면서 건조되고 이를 칼날로 긁어 회수하여 분말화하는 방법으로 열에 강한 식품을 건조하는 방법이다. 드럼건조는 액체식품의 수분함량이 낮을수록, 피막이 얇을수록, 드럼표면의 온도가 높을수록 건조효율이 높다.

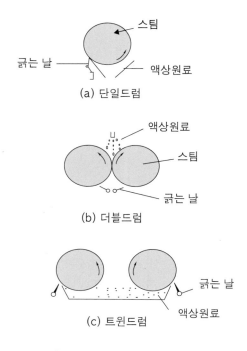

스팀

굵는 날 ── ── 액상원료

(a) 단일드럼

액상원료

스팀

굵는 날

(b) 더블드럼

굵는 날

액상원료

(c) 트윈드럼

[그림 3-30] 드럼 건조기

(2) 살균

1) 가열살균

가열은 가장 널리 사용되는 가공저장 방법으로 식품을 부패 및 변패시키는 미생물과 그 효소를 불활성화시켜 식품의 변질을 방지하는 조작이다. 식품에 열이 전달되는 것은 외부로부터의 에너지 전달현상으로 전도, 대류, 복사 등 다양한 열전달기작이 관여한다.

전도는 열이 물체를 따라 이동하는 상태를 말하며 식품의 다공성, 화학성분, 조직, 압력, 온도, 농도 등에 따라 달라진다. 대류는 액체분자의 이동, 혼합으로 열전달이 일어나는 것으로 열을 받아 데워진 부분은 밀도가 작아져 가벼워서 위로 올라가고 찬 부분은 밑으로 내려오게 된다. 이 과정이 반복되어 전체적으로 온도가 올라가게 된다. 복사는 열전달 매체 없이 고온의 물체에서 저온의 물체로 열이 이동하는 것이다. 이러한 열전달 기작은 식품재료의 종류, 모양, 크기, 성분, 전달매체의 종류에 따라 달라지므로 사용될 식품재료의 특성 등 여러 요건을 고려하여 적용하도록 한다.

포장된 식품의 경우 전도 및 대류열이 가장 늦게 도달하는 부분을 냉점이라고 하는데 통조림의 내용물이 액체인 경우 냉점은 밑에서 1/3 지점에 위치하며, 고체인 경우는 냉점이

밑에서 1/2 지점 즉 중앙에 위치한다. 살균 시 냉점이 살균되지 않고 남아있으면 완전살균 되지 않았음을 의미하므로 이 점을 고려하여 살균해야 한다. 통조림의 최적 살균조건은 내용물의 특성, 내부에 존재하는 세균의 형태와 수, 내열성미생물의 치사시간 등으로 결정한다. 미생물의 가열치사곡선은 일정한 온도에서 미생물이 사멸하는 시간을 나타내는 대수그래프를 말하며 TDT(thermal death time) curve라고도 한다. 가열치사곡선에서 나타나는 D값, F값, Fo값, Z값의 정의는 다음과 같다.

표 3-4 가열처리 용어의 정의 및 설명

용어	정의	예	설명
D값	일정 온도에서 미생물을 90% 사멸시키는 데 필요한 시간	D100℃ = 5분	100℃에서 미생물을 90% 사멸시키는 데 걸리는 시간 5분 소요
F값	일정 온도에서 미생물을 100% 사멸시키는 데 필요한 시간	F100℃ = 10분	100℃에서 미생물을 100% 사멸시키는 데 걸리는 시간 10분 소요
Fo값	250℉(121℃)에서 미생물을 100% 사멸시키는 데 필요한 시간	F250℉ = 10분	250℉에서 미생물을 100% 사멸시키는 데 걸리는 시간 10분 소요
Z값	가열치사시간을 90% 단축하는 데 필요한 상승 온도	Z = 5℃	온도를 5℃ 상승시키면 사멸시간이 90% 단축

살균이란 식품공전에 '따로 규정이 없는 한 세균, 효모, 곰팡이 등 미생물의 영양세포를 사멸시키는 것'으로 정의하고 있으며 가열살균은 이를 목적으로 행하는 조작이다. 가열살균 효과는 세균의 세포내 단백질을 응고시키는 습열살균이 건열살균보다 더 효과적이다. 가열살균법에는 저온장시간살균, 고온순간살균, 초고온순간살균, 증기살균, 건열살균 및 간헐살균법 등이 있다.

가열살균 공정으로 인해 식품에는 여러 가지 변화가 초래되는데 색, 향미, 조직이 변화되며, 캐러멜화나 메일러드 반응에 의한 갈변이 일어나고, 단백질이 변성되며, 유지의 산패 촉진 및 비타민 파괴 등 영양손실과 물성 등의 변화가 일어난다.

표 3-5 🍲 가열 살균법의 종류와 특성	
가열살균법	**특성**
저온장시간살균법	저온살균은 균체와 효모, 곰팡이 포자의 파괴를 목적으로 하며 병원미생물이나 부패 미생물 사멸의 목적은 아니다. 우유는 63~65℃에서 30분 살균한다.
고온순간살균법	비교적 높은 온도에서 단시간 살균하는 것으로 우유의 경우는 72~75℃에서 15~20초 간 살균한다.
초고온순간살균법	우유 살균에 사용하는 방법으로 130~150℃에서 0.5~5초 처리로 미생물을 살균하 면서 식품의 품질변화를 줄일 수 있다.
증기살균법	코흐 살균솥을 이용하며 물이 끓어 수증기가 발생할 때 내용물을 넣고 밀폐시킨 후 100℃가 되면 30분 살균한다.
건열살균법	건열기를 이용하여 공기를 140~160℃로 가열시켜 30~60분 정도 살균한다.
간헐살균법	내열성균의 완전살균이 목적으로 100℃에서 30분 살균 후 항온기에 하루 두면 포 자가 발아하여 영양세포가 되는데 이것을 다시 100℃에서 살균하며 이 과정을 3회 반복하여 완전살균한다.

2) 냉살균

　냉살균이란 가열처리를 거치지 않고 살균하는 것을 말한다. 즉 식품은 열전도율이 낮으 므로 가열할 때 시간이 오래 걸리고 그로 인하여 영양소 파괴, 향미손실, 퇴색 등의 품질 열화가 발생한다. 따라서 품질열화 현상을 최소화하고 저장성이 향상된 안전한 식품을 위 해 다양하고 새로운 가공방법이 많이 개발되고 있다. 이러한 가공방법으로 전자파 살균이 있는데 종류에는 마이크로파가열, 원적외선가열, 자외선, 방사선조사 살균법 등이 있다.

　마이크로파가열살균은 식품에 허용된 915MHz와 2,450MHz의 마이크로파를 사용하 며, 식품 내의 수분, 지방, 당 등의 구성분자 등이 활성화되어 전파에너지가 열에너지로 바뀌어 발열하는 성질을 이용하며 식품의 가열, 살균, 건조, 해동 등에 이용되고 있다. 전 자레인지가 대표적인 예인데 삶기, 찌기, 굽기 등의 기본조리 및 해동 등에 널리 이용되 고, 여러 가지 식품을 이용한 각종 다양한 조리에 이용되고 있으며 가공식품, 도시락, 병 조림식품 등의 살균에도 이용된다.

　적외선은 가시광선의 적색 밖의 파장과 마이크로파 사이의 전자파로 근적외선과 원적외 선으로 분류된다. 원적외선이 가열효율이 좋고 색택과 질감변화가 적으며 균일한 가열이 가능하지만 식품내부 깊이까지 침투하지 못하여 표면살균은 가능하지만 두꺼운 식품의 가 열살균은 어렵다. 식품 중 센베이 과자 등 두껍지 않은 식품의 가열, 표고버섯, 해조류 등의 건조 등에 이용된다.

자외선은 가시광선의 자색영역부터 X선 사이에 위치하는 파장이며 살균력이 강한 파장은 250~260nm 범위로 태양광선에 의한 살균효과는 이 자외선에 의한 것이다. 그러나 낮은 투과율 때문에 공기나 포장지 등 물체의 표면에만 살균효과가 있고, 지방의 광산화 촉진으로 산패취가 발생하며 향성분이 변화될 수 있다는 단점이 있다. 자외선 살균은 음료수, 용기, 기구, 포장 등의 살균과 소독에 이용되고 있다.

방사선조사에서는 식품조사에 허용된 $Co^{60}-\gamma$ 또는 $CS^{137}-\gamma$ 선을 사용하며, 조사된 방사선이 세포내 핵이나 DNA 분자 등의 전리를 일으켜 기능을 상실하게 하여 사멸하는 원리를 이용하는 것이다. 방사선조사는 강한 투과력, 포장식품의 살충, 살균 및 2차 오염의 방지가 가능하며 식품의 온도가 상승하지 않는 등의 장점이 있다. 방사선조사는 농산물의 발아와 발근 억제, 숙도지연, 살충 및 기생충 사멸 또는 병원균 및 부패균의 살균, 식품소재 및 향신료 살균 등의 목적으로 사용되고 있다. 우리나라에서는 감자, 양파, 마늘, 밤, 생버섯, 건조버섯, 건조식육, 장류, 전분, 향신료 등의 식품에 방사선 조사가 허용되어 있다.

표 3-6   우리나라 방사선조사 기준

조사 기준(kGy)	목적	식품
0.05~0.15	발아, 발근 억제	감자, 고구마, 파, 마늘, 생강, 밤
0.15~1.0	해충, 기생충 사멸	곡류, 채소, 과일, 건조과일 및 생선, 대추, 야자, 돼지고기
0.5~2.0	숙도 지연	바나나, 망고, 아스파라거스, 버섯
1.0~10	부패균, 병원균 사멸	생선, 축육가공품, 가금육, 수산가공품
3.0~50	식품소재 및 식품첨가물 살균	향신료, 건조채소류, 축육, 가금육, 우주식, 환자식 등

그 외에서 냉살균에는 약제살균과 여과제균 등이 있다. 약제살균은 화학물질 즉 훈증제나 메탄올 등으로 살균하는 것이며, 여과제균은 마이크로필터 등으로 균을 여과하는 것을 말한다.

3) 고압살균

고압살균은 가열을 최소화하는 기술 중 하나로 식품을 멸균포장재에 넣은 후 상온에서 4,000~6,000기압으로 10~30분 가압해주면 고압에 의한 세포 구조변화 등에 의해 미생물이 사멸되고 효소 불활성화로 식품의 저장성이 증가하며, 영양소 파괴가 거의 발생하지 않는다. 고압처리를 할 때 식품의 크기, 모양에 관계없이 동일한 효과가 나타나고 단백질의 겔화 등 질감 개량으로 신소재 개발이 가능하며, 발효식품이나 절임류의 숙성 억제 및 메일러드 반응에 의한 갈변억제 등의 장점이 있다.

(3) 냉장, 냉동 및 해동

1) 냉장과 냉동

냉각방법에는 냉장과 냉동이 있으며 식품의 저장법으로는 가장 오래된 저장법 중의 하나이다. 저온저장은 식품을 낮은 온도에서 보관하여 품질저하를 방지하는 방법으로 미생물의 생육억제, 효소의 활성저하로 호흡, 발아 등 대사작용을 억제하고, 갈변반응과 지방산화 등의 반응속도를 저하시켜 식품의 품질저하를 방지할 수 있다. 냉장은 식품을 0~10℃의 온도에서 저장하는 것으로 미생물의 생육을 억제하여 저장기간을 늘릴 수 있지만, 미생물의 생육이 가능한 온도이므로 장기간 저장에 주의한다. 채소와 과일의 경우 냉장기간이 1주일에서 1개월 정도로 길지 않고 변질 가능성이 많기 때문에 저장 시 주의해야 한다. 육류와 생선류도 냉장저장을 하는 것이 바람직한데 이는 냉동저장 후의 해동으로 인한 조직의 변화가 없고 드립 발생으로 인한 영양소, 향미 등의 손실이 없기 때문이다. 냉동은 식품에 함유된 수분을 동결시켜 −18℃ 이하에서 저장하는 방법으로 미생물 성장과 증식을 억제하고 효소 활성저하로 화학적 변화를 억제시킬 수 있다. 냉동할 때 얼음결정이 미세하게 생성되는 급속동결을 하면 식품조직의 파괴를 최소화할 수 있고, 해동 시 드립 발생이 감소되어 식품 원래의 조직 상태를 유지하고 색, 맛, 영양소의 손실을 최소화할 수 있다.

표 3-7 급속동결과 완만동결의 차이점

차이점	급속동결	완만동결
얼음결정 크기와 수	얼음결정이 작고 다수	얼음결정이 크고 소수
빙결정 크기	70μm 이하	70μm 이상
세포 파손	원형 유지 가능	파손
빙결정 성장 유무	수분이동으로 빙결정 성장	빙결정 성장 거의 하지 않음

냉장저장 중에는 여러 가지 변화가 일어난다. 생물학적 변화로는 과피 변색, 육질의 변화, 반점 생성 등 저온 장해 및 선도 저하 등이 있으며, 물리적 변화로는 수분 증발로 인한 축화, 변색 및 중량 감소가 일어나고 전분 노화가 발생한다. 또한 화학적 변화로는 퇴색,

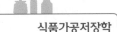

갈변, 향미 변화 등이 일어난다. 따라서 식품의 단기간 저장에 이용해야 한다.

냉동저장으로 발생하는 품질 변화로는 조직손상, 단백질 변성, 효소활성, 용해성, 점도, 기포성 등의 변화가 있다. 유지함량이 많을 경우 유지 산화에 의한 변패가 일어나고 비타민 C 파괴가 계속되는 등의 화학적 변화가 일어나므로 냉동 조건에서 식품을 오래 저장하지 않는 것이 바람직하다. 냉동방법에는 공기동결법, 심온동결법, 접촉동결법, 급속동결법, 침지동결법 및 프리즈플로저장법 등이 있다.

표 3-8 냉동방법의 종류와 특성	
냉동방법	특성
공기동결법	정치공기동결법은 −18∼−40℃의 냉동실 내의 선반 위에 식품을 평평하게 놓고 동결시키는 완만동결법이며, 송풍동결법은 −18∼−40℃로 냉각된 공기를 불어 주며(속도 30∼1,000m/min) 동결시키는 급속동결법이다.
심온동결법	액체질소, 프레온 12, 액체탄산가스 등을 이용한 동결방법으로 액체질소를 분무하거나 침지시키면 액체질소가 기화되면서 식품의 열을 빼앗아 식품을 빠른 속도로 동결시킬 수 있다. 외관이 좋아지고 동결 중 산소가 제거되며 동결로 인한 손상을 최소화할 수 있다.
접촉동결법	열전도율이 높은 금속판을 −30∼−40℃로 냉각시켜 놓고 식품을 끼워 넣어 동결시키는 방법으로, 3∼4cm 두께의 식품을 동결시키는데 1시간 30분 정도 소요된다.
급속동결법	급속동결은 얼음결정의 크기를 70μm 이하로 하는 것으로, 미세한 얼음결정이 형성되어 조직의 파괴와 단백질 변성이 적어 식품형태의 원상유지가 가능하다.
침지동결법	냉각된 연화나트륨, 프로필렌글리콜, 에틸렌글리콜 등의 액체 속에 방습성포장재에 포장된 식품을 침지시켜 급속동결시키는 방법으로, 밀착포장된 닭고기처럼 불규칙한 식품의 동결에 이용한다.
프리즈플로 저장법 (Freeze-flo)	중간수분식품(수분함량 10∼40% 정도인 된장, 잼 등의 식품)과 냉동식품의 조합으로 미생물적으로 안정하고 '동결되지 않은 동결식품'으로 불린다. 보존성이 좋아 첨가물을 필요로 하지 않는 자연식품에 사용하며, 냉동고에서 꺼내면 해동과정이 없어도 섭취할 수 있다.

2) 해동

냉동된 식품을 해동할 때는 조리목적에 따라 표면만 해동시키는 부분해동과 속까지 완전히 해동시키는 완전해동이 있다. 해동할 때는 질감의 변화와 드립 발생을 최소화해야 하며 선도저하 및 품질변화를 적게 해야 한다. 드립의 원인은 동결과정에 의한 식품조직의 손상으로 일어나는 것으로 액즙 속에 함유된 단백질, 비타민 등의 영양성분과 풍미가 감소되므로 드립은 적을수록 좋다. 해동방법에는 송풍해동법, 수중해동법, 접촉해동법, 전기해동법 등이 있다.

송풍해동법은 20℃의 공기를 송풍하거나, 20℃의 온수를 흐르게 하여 해동시키는 방법이다. 해동시간이 길므로 건조, 변색, 미생물 성장 우려 등의 단점이 있다. 수중해동법은 10℃ 정도의 흐르는 물에 담가 해동하는 것으로 공기해동법보다는 해동시간이 단축된다. 접촉해동법은 25℃ 금속판 사이로 동결식품을 넣어 해동하는 방법으로 식품의 포장이 균일해야 효율적이다. 전기해동법은 고주파와 초단파를 이용하는 방법으로 식품의 내부가열로 급속해동이 가능하다.

(4) 염장법 및 당장법

용매는 통과되지만 용질은 통과되지 않는 반투막을 사이에 두고 농도차가 있는 용액을 따로 양쪽에 넣으면 농도가 낮은 쪽의 용매가 농도가 높은 쪽으로 확산하여 이동하게 되는 현상을 삼투작용이라 하며, 이때 반투막의 양쪽 사이에 압력 차이가 발생하는데 이를 삼투압이라 한다. 삼투작용으로 인한 식품의 탈수는 수분활성도를 낮출 수 있으며, 미생물의 원형질 분리로 증식을 억제하거나 사멸되어 저장성과 보존성을 높일 수 있다.

삼투작용을 이용한 가공법에는 염장법, 당장법 등이 있다. 미생물의 생육은 소금 농도 2%부터 억제되기 시작하고 10% 전후에서는 대부분의 생육이 억제된다. 염장법은 삼투작용과 소금의 보존제 역할을 이용한 것으로 염수법, 건염법, 개량염수법, 개량건염법, 염수주사법 등이 있으며 김치, 오이지, 된장, 간장, 햄, 소시지, 굴비, 장아찌류 등을 만드는데 이용한다.

표 3-9　염장법의 종류와 특성

염장법	특성
염수법	적당한 농도의 소금물에 식품을 담그는 방법으로 건염법에 비해 소금의 침투가 균일하여 품질이 고르고, 유지성분의 산화 및 과도한 탈수가 일어나지 않는다.
건염법	식품에 식염을 직접 뿌려 염장하는 방법으로 식품 내외의 삼투압차가 커서 탈수가 빨리 진행되나 균일하게 침투되지 않아 품질이 고르지 않고 표면의 공기와의 접촉으로 산패가 일어날 수 있다.
개량염수법	염수법과 건염법의 단점을 상호 보완한 것으로 식품과 소금을 한 층식 건염법으로 쌓고 조금씩 가압하면서 침출된 수분에 의해 염수법의 효과가 나도록 한 방법이며, 소금이 균일하게 침투되고 염장초기 부패가 일어나지 않는다.
개량건염법	염수법으로 염지한 후 식품표면의 세균, 점질물 등을 제거한 후 건염법으로 다시 염지하여 염장효과를 높이는 방법으로 선도가 불량한 것을 염장할 때 사용한다.
염수주사법	큰 고기나 어육의 경우 염장 중 변질되기 쉬우므로 염지시간을 단축시키고 균일하게 염지되도록 하기 위해 사용한다. 근육주사법은 근육중심부에 염지용액을 주사하는 것으로 염지기간을 1/3로 단축시킨다.

당장법은 설탕 등 당을 이용하여 염장법과 같이 삼투작용과 그에 따른 수분활성도 저하로 인한 미생물 증식억제의 원리를 갖는다. 삼투압은 분자량이 작고 용해도가 큰 당일수록 침투속도가 빠르다. 설탕은 약 65%에서, 과당, 포도당의 경우는 20~30% 농도에서 삼투효과가 나타난다. 미생물의 생육은 50% 이상의 당 농도에서 억제되며, 유기산이 첨가되면 보존효과가 더 높아져 당 농도가 45~50% 정도에서도 미생물의 증식을 억제할 수 있다. 당장법을 이용한 것으로는 잼, 젤리, 마멀레이드, 가당연유, 홍삼정과 등이 있다.

(5) 산장법

산장법은 초산, 구연산, 젖산 등을 이용하여 pH를 저하시켜 미생물의 성장을 억제하는 방법으로 산절임법 또는 초지법이라고도 한다. pH가 낮을수록 수소이온에 의한 세포단백질의 응고영향으로 저장효과가 증가된다. 세균은 pH 7 내외의 영역에서 잘 성장하므로 산성 쪽으로 갈수록 생육이 억제되어 보존성을 높일 수 있으며, 효모는 pH 4 이하, 곰팡이는 pH 3 이하에서 생육이 억제된다. 산장할 때 소금, 당을 함께 사용하면 보존성을 더 향상시킬 수 있으며, 이 방법을 이용한 식품은 무피클, 오이피클, 마늘피클, 양파피클 등이 있다.

(6) 훈연 및 훈증법

훈연은 목재를 불완전연소시킬 때 생성되는 포름알데히드, 아세트알데히드, 알코올, 개미산 등의 방부성, 항산화성, 살균성을 가진 성분을 육류나 어패류에 침투시키거나 흡착시키고 한편으로는 건조를 통해 수분활성도를 낮추어 저장성을 갖게 하는 공정이다.

훈연성분은 살균작용을 갖는 성분으로 알데히드류, 알코올, 초산, 개미산 등이 있으며, 폴리페놀화합물은 육류식품의 항산화작용을 하고 염지성분과 훈연성분이 어우러져 독특한 풍미를 부여한다. 훈연재로 사용하는 나무는 참나무, 벚나무, 자작나무, 떡갈나무 등이 좋으며, 옥수수속이나 왕겨도 사용된다. 훈연방법에는 냉훈법, 온훈법, 열훈법, 액훈법, 배훈법, 전기훈연법 등이 있다. 훈연법을 이용한 저장식품에는 연어, 꽁치, 청어, 건조소시지, 레귤러햄, 베이컨 등이 있다.

표 3-10 훈연법의 종류와 특성	
훈연법의 종류	**특성**
냉훈법	온도 20~30℃의 낮은 온도에서 3~4주일 훈연과 건조를 반복하는 방법으로 식품의 수분을 25~45%까지 감소시켜, 장기간의 저장성을 갖게 하는 방법으로 연어, 청어 등의 훈연에 사용한다.
온훈법과 열훈법	온훈법은 30~50℃에서 1~3일, 열훈법은 50~80℃에서 5~12시간 훈연한다. 독특한 풍미를 주는 것이 목적으로 맛, 향이 좋으나 저장성은 약하다.
액훈법	훈연재료 대신 목초액, 크레졸, 붕산, 알코올, 명반, 색소 등을 배합하고 필요 시 조미료, 향신료 등도 배합하여 염지하는 동시에 연기성분을 침투시킨다.
배훈법	95~120℃에서 2~4시간 훈연하는 것으로 바로 섭취할 수 있으며 저장성은 약하다.
전기훈연법	원료 식품을 5cm 간격으로 교차시키고 훈연하면서 전압을 가하여 연기 중의 유효성분의 흡착을 촉진하는 방법으로 수분 증발이 많지 않아 저장성이 약하다.

훈증은 해충이나 미생물 사멸을 위해 곡류나 과실류에 휘발성 있는 살충제나 살균제 즉 훈증제를 기화가스로 하여 잘 침투되도록 하여 저장하는 방법이다. 훈증제에는 에틸렌옥사이드, 클로로피크린, 메틸브로마이드 등이 있으나 식품에 직접 사용할 수 없다. 훈증제의 종류, 사용량에 따라 곡류 등 제품의 품질이 저하될 수 있고, 인체에 유해할 수 있으므로 적절한 관리와 주의가 필요하다.

(7) 통조림, 병조림 및 레토르트식품

1) 통조림 및 병조림의 특성

통조림 또는 병조림은 식품을 주석관이나 유리병 등에 넣고 탈기, 밀봉, 가열, 살균하여 장기간 변패되지 않도록 처리한 저장방법이다. 식품부패의 원인이 되는 미생물 중 포자를 형성하는 클로스트리디움 속 등의 혐기성 세균류는 내열성이 있어 살균하기 어려우므로 통조림이나 병조림 공정을 통해 탈기하여 살균하면 포자가 남아있더라도 발아하지 못하므로 식품의 부패가 일어나지 않으며 저장성이 향상된다. 원료로는 양송이, 아스파라거스, 죽순, 완두 등의 농산물과 쇠고기, 돼지고기, 양고기 등의 축산물을 다양하게 사용할 수 있다. 통조림 또는 병조림으로 제조하였을 때의 장점은 장기보존이 가능하고, 운반이 편리하며, 조리하지 않고 바로 섭취할 수 있고, 비교적 값이 싼 위생식품이라는 점이다. 레토르트식품은 장기간 저장이 가능하고 열전달이 용이하여 가공시간이 단축되므로 품질저하가 감소되며, 저장 공간이 적어도 되고 개봉이 편리하며 용기 처분이 용이한 장점이 있다.

2) 통조림, 병조림에 사용하는 용기재질과 표시방법

통조림을 만들 때는 식품 종류에 따라 적당한 통 재질을 사용해야 하며, 병조림에는 살균한 유리병을 사용한다. 통조림 용기는 주석통이 가장 많이 사용되며, 주석통에 크롬이나 니켈을 도금한 TFS(tin free steel)통은 과자, 탄산음료 등의 통조림에 사용하고, 알루미늄통은 주로 맥주나 탄산음료에 사용한다. TFS통의 특성은 납땜이 잘 안되고 금속광택이 떨어지는 것이 단점이나 주석보다 값이 저렴하고 도료의 접착이 좋다. 통조림 용기에 사용되는 도료는 식품에 따라 적절히 선택해야 하는데 과일 통조림 용기에는 내산성이 강한 유성수지계 도료가 적합하며, 페놀계도료관과 C-에나멜관은 내유황성관으로 어육류 통조림에 좋다. 알코올 음료관으로는 에폭시(epoxy) 도료관을 사용하는 것이 좋다.

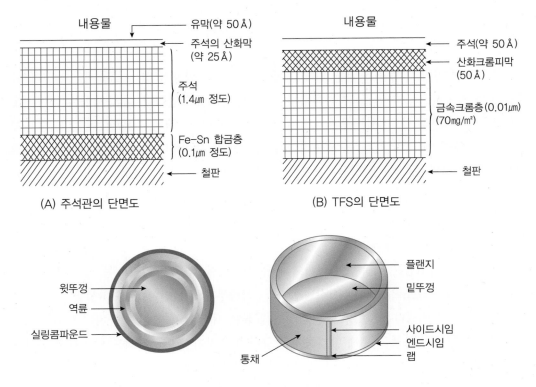

[그림 3-31] **통조림통의 형태**

병조림에 사용되는 유리병은 식품의 성분과 반응하지 않고 중금속이 용출되지 않으며, 안의 내용물을 확인할 수 있고 재활용이 가능한 점이 있다. 입구의 크기에 따라 과일, 채소, 반고체 식품에 주로 사용하는 광구병과 액체식품에 사용하는 세구병이 있다.

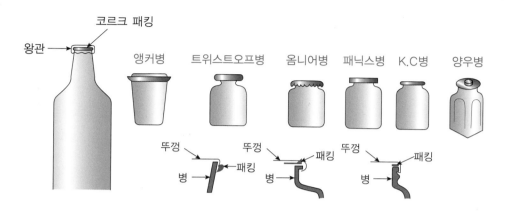

[그림 3-32] 병조림용 병

통조림은 뚜껑 위 또는 밑에 기호를 3단으로 찍는다. 1단 상단에는 원료의 품종, 조리방법 등을 표시하는데 처음 두 문자는 품종, 세 번째 문자는 가공조리방법을 의미한다. 2단 중단에는 형태와 제품공장명, 3단 하단에는 제조년월일을 표기한다.

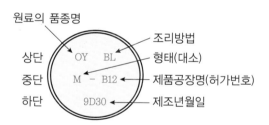

[그림 3-33] 통조림관의 표시

첫 번째 숫자는 제조한 해의 끝 숫자, 두 번째는 월, 마지막 두 숫자는 제조일을 의미한다. 예로 9D30이라면 2009년 12월 30일을 의미한다. 1일부터 9일까지는 01~09로 쓰고 10일 이후의 날짜는 숫자로 그대로 사용한다.

표 3-11 🍲 수산물 원료의 품명기호

고등어	MK	송어	TR	양미리	NA	대합	SC	굴	OY
꽁치	MP	까나리	SS	갈치	HT	백합	HC	전복	AB
학꽁치	HB	도루묵	SF	꽃게	T	소라고동	R	소라	TP
전갱이	HM	청어	ME	털게	E	새조개	CO	골뱅이	BT
멸치	AN	삼치	CM	왕게	P	맛조개	RA	꼬막	BC
참다랭이	TB	대구	CD	새우	SH	홍합	MS	김	LA
황다랭이	TY	갯장어	SE	쭈꾸미	PO	피조개	AC	날치	FL
가다랭이	TS	붕장어	CE	꼴뚜기	WA	오징어	SQ	줄삼치	BO
방어	YT	뱀장어	EL	고래고기	WM	갑오징어	SC	문어	OC

표 3-12 🍲 농산물 원료의 품명기호

1.복숭아		4.감귤		7.양송이		11.잼, 마말레이드	
백도슬라이스	PW	온주귤	MO	버튼	MBB	딸기	SJM
황도 4절	PYQ	여름귤	SO	홀	MBW	복숭아	PJM
황도슬라이스	PY	5.포도		버튼슬라이드	MRSB	사과	AJM
2.사과		씨뺀 것	GE	홀슬라이스	MBSP	귤	OJM
4절	APQ	씨있는 것	GS	혼합채소	MVE	12.주스	
슬라이스	APS	6.아스파라거스				사과	NAJ
3.배		화이트	AWW	8.김치	KCH	포도	NGJ
2절	PEH	그린	ARW	9.깍두기	KDG	귤	NOJ
슬라이스	PES	혼합절단	AM	10.마늘장아찌	GFD	딸기	NSJ

표 3-13 조리방법의 품명기호					
보일드 통조림	BL	훈제기름담금 통조림	SO	젤리담금 통조림	JY
가미 통조림	FD	머스터드담금 통조림	MD	채소가미 통조림	VD
기름담금 통조림	OL	조림 통조림	BD	구이 통조림	RD
토마토담금 통조림	TO	스튜 통조림	ST	소시지 통조림	SG

*크기 L: 대, M: 중, S: 소

3) 통조림 제조과정

통조림 제조과정은 데치기, 충진, 탈기, 밀봉, 살균, 냉각, 검사의 순서로 진행되며 이 중 탈기, 밀봉, 살균은 통조림의 3대 공정에 해당한다.

데치기의 목적은 세포 내 호흡가스의 제거, 효소의 불활성화 및 식품의 수축으로 통에 잘 충진되도록 하는 데 있다. 충진 시 단단한 재질의 용기를 사용할 경우 멸균할 때 재료의 부피팽창에 대한 용기의 안전성을 위해 그리고 균일한 가열을 위해 용기의 윗부분에 일정한 공간을 남겨두는데 이를 헤드스페이스(head space)라고 한다. 원료를 담은 후에는 필요에 따라 물, 소금물, 시럽 등의 조미액을 가하는데 목적은 맛을 조절하고, 살균 시 열전달체의 역할을 하며, 내용물이 관내에 부착하는 것을 방지하고 수송 시 형태 파손으로 인한 손실을 방지하는 데 있다.

탈기의 목적은 산소의 농도를 낮추어 호기성세균의 발육을 억제하고, 내용물의 화학적 변화와 관내면의 부식을 억제하는 데 있다. 또한 탈기 과정을 통해 변패관의 검출을 용이하게 하고 향미, 색, 영양소의 손실을 방지하며 산화로 인한 퇴색 등을 방지할 수 있다. 관내면의 부식을 억제하는 내용물은 당류이며, 부식을 촉진하는 인자에는 산소, 유기산, 황 및 황화합물 등이 있다.

탈기 후에는 미생물 또는 공기와의 접촉을 방지하여 식품의 안전을 보존하기 위해 밀봉한다. 밀봉은 권체기로 하는데 위에서 통조림관의 몸체에 뚜껑을 눌러 고정시키는 척, 관의 상부와 뚜껑의 주변이 한 겹으로 말리게 하는 제1롤, 이를 일정한 모양으로 말리게 하고 고정시켜 압착하는 제2롤, 관을 위로 올려주는 리프터로 구성되어 있다.

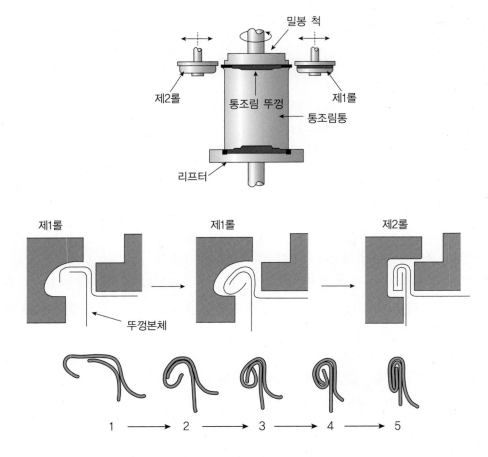

[그림 3-34] 통조림의 권체

　　다음 공정으로 내용물 중에 있을 수 있는 미생물을 사멸시키기 위해 살균을 한다. 살균
은 100℃ 이하에서 하는 저온살균과 100℃ 이상에서 하는 고온살균이 있다. 내용물의 pH
가 살균에 영향을 주는데 예로 매실, 귤 등의 산성식품(pH 4.5)의 경우 75℃에서 10분 가
열하면 살균효과를 볼 수 있다. 통조림 살균 시 열전달은 대류와 전도에 의해 이루어지는
데 그 외에도 용기 크기와 종류, 내용물 온도 등이 관계하며 열 침투가 가장 낮은 냉점에
도달하는 시간은 용기직경의 제곱에 비례한다. 살균 후에는 즉시 냉각하여 내용물의 조직
연화, 변색 및 호열성 세균의 발아를 방지해야 한다.

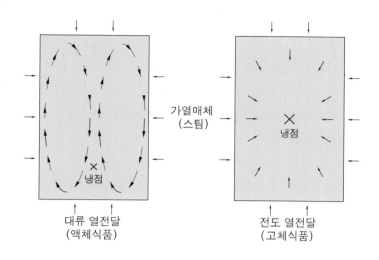

가열매체
(스팀)

×
냉점

×
냉점

대류 열전달
(액체식품)

전도 열전달
(고체식품)

[그림 3-35] 통조림 식품의 냉점

4) 통조림 검사방법

통조림 검사방법에는 외관검사, 타관검사, 개관검사, 가온검사, 세균검사, 진공도검사 등이 있다.

표 3-14 통조림 검사방법	
검사의 종류	**방법**
외관검사	권체가 불완전하거나 팽창된 제품을 선별, 제거한다.
타관검사	타검봉으로 통조림의 뚜껑이나 밑 부분을 두드려 보아 맑은 소리가 나면 이상이 없는 것이며, 둔탁한 소리가 나면 불충분한 탈기, 충진 과다, 관 부식 등으로 인한 관내 가스 발생이 원인이다.
개관검사	개관 전에 진공도 측정을 하고, 개관 후에는 헤드스페이스의 높이, 고형물의 양을 측정하고 내용물 외관, 색, 냄새, 맛, pH, 불순물 유무 등을 검사한다.
가온검사	저장성 및 살균공정의 적정 검사로 30~37℃의 항온기에 넣고 수시로 관찰하여 팽창관이 발생하면 방냉 후 정밀검사를 한다.
세균검사	무균적으로 세균을 직접 검사하거나 배지배양으로 검사하고, 세균이 관찰되면 내열성 및 독성검사를 한다.
진공도검사	진공계로 내부의 진공도를 측정한다. 진공도란 통조림 내부 압력과 외부압력과의 차이이다. 통조림의 진공도는 12~15인치 이상이어야 한다.

5) 통조림 변패의 종류

통조림 변패에는 외관과 내용물에 의한 변패로 나누어 볼 수 있으며, 외관에 의한 변패로는 플리퍼(flipper), 스프린저(springer), 팽창(swell: soft swell, hard swell), 리커(leaker), 돌출변형관(buckled can), 위축변형관(panelled can) 등이 있다.

플리퍼는 통조림관의 한쪽 면이 약간 부풀어 있는 경우로 주원인은 탈기부족이며 그 외에도 과다충진, 밀봉 후 살균까지 장시간 방치 등이 원인이다.

스프린저는 한쪽 면이 튀어나온 상태로 충진 과다, 탈기 부족, 수소 발생 등이 원인으로 작용한다. 팽창은 양면이 팽창된 것으로 미생물에 의한 가스 발생이 원인이다. 연질 팽창(soft swell)은 양면이 팽창된 것으로 누르면 원상복귀 되는 것이고, 경질 팽창(hard swell)은 양면이 심한 팽창으로 눌러지지 않는 상태이며 살균 부족, 수소 생성, 담기 과잉 등이 원인이 된다. 리커는 누출이 발생하는 것으로 통조림관에 미세한 구멍이 발생하거나 밀봉조작이 잘못되었을 때 발생한다. 돌출변형관은 관내압이 관외압보다 큰 경우 발생하는데 관이 내압력에 약한 경우, 가열 살균 후 증기의 급격한 배출, 탈기 부족, 살균 전 원료의 부패에 의한 가스 팽창 등의 원인에 의한다. 위축변형관은 관내압이 관외압보다 작을 때 발생하며 예로 레토르트(가압솥)의 압력이 급격히 증가하여 안쪽으로 쭈그러드는 현상이다.

내용물에 의한 변패로는 평면산패(flat sour), 흑변, 주석의 이상용출, 펙틴용출 등이 있다. 평면산패는 외관상으로는 정상관의 상태이나 살균부족에 의해 호열성 세균이 번식하여 유기산이 생성되는 것으로, 개관 후 pH 측정이나 세균검사를 통해 알 수 있으며 채소나 육류통조림에서 많이 발생한다. 흑변현상은 내용물에 함유된 단백질로부터 발생한 황화수소와 금속의 결합으로 황화철이 생성되어 검은색 침전이 생기는 현상으로 육류나 수산물통조림에서 볼 수 있다. 주석의 이상용출은 통조림을 개관한 후 산소에 의해 주석이 급격히 용출되는 것으로 다량 섭취하게 되면 권태감, 구토 증세를 나타내므로 특히 개관 후 먹다 남을 경우 유리나 사기그릇 등에 옮겨 놓도록 한다. 펙틴용출은 미숙과에서 펙틴이 용출되어 품질을 저하시키는 현상이다.

통조림 제품에 생성되는 유리결정형성(struvite) 현상은 통조림 내표면에 부착된 두부모양 또는 유리조각 모양의 응고물이 생기는 것으로 통조림 냉각 시 인산마그네슘염의 형성에 의해 생성된다. 이 현상은 0.2% 헥사메타인산 나트륨(sodium hexametaphosphate)이나 0.05% 피트산(phytic acid) 첨가 또는 급냉 등의 방법으로 방지한다.

6) 레토르트식품

레토르트식품은 고압살균에 내성이 있는 여러 종류의 플라스틱 필름을 겹쳐서 만든 투명한 주머니 또는 플라스틱과 알루미늄박이 사용된 불투명한 주머니에 식품을 넣고 포장, 멸균한 식품으로 통·병조림과 같이 장기간 저장이 가능하다. 또한 통조림, 병조림보다 용적이 작아 가볍고 휴대가 간편하며, 유연성이 있고 개봉이 용이하다는 장점이 있다.

제조과정은 식품충전, 탈기, 밀봉, 가압살균, 가압냉각, 건조 및 포장 순이다. 포장재는 3층으로 구성되며 바깥층에는 폴리에스터 필름으로 강도가 높으며, 중층은 알루미늄박으로 기체와 광선 차단효과가 있고, 내층은 폴리프로필렌으로 가열밀봉이 용이한 특성을 갖고 있다. 레토르트 포장재료의 조건은 유연포장 재료를 사용하며 가열해도 환경호르몬, 페놀, 포르말린, 중금속 등이 유출되지 않아야 한다. 고온에 견딜 수 있고 파열강도가 높아야 하며, 접착성이 좋아야 하고 가스투과성이 낮아야 한다. 또한 포장 재료가 얇고 표면적이 넓어 살균시간이 통조림의 1/2~1/3 정도이므로 영양소, 맛, 향, 색의 변화가 적다. 레토르트식품의 종류로는 병원급식, 짜장, 카레, 스파게티소스, 죽류 및 국류 등이 있다.

(8) 가스저장

가스저장은 저장환경 중의 기체조성을 변경하는 가스치환포장에 의해 식품의 저장기간을 연장하는 방법이다. 과채류는 수확 후에도 계속되는 호흡, 증산, 생장작용 등을 통하여 수분탈수, 에틸렌가스 발생, 향성분 증발, 호흡열 방출 등의 현상이 계속된다. 가스저장은 산소의 농도를 낮추고 이산화탄소 등의 가스 농도가 높은 상태에서 저장하는 것으로 주로 호흡작용이 큰 식품에 사용한다. 즉, 호흡작용에 의한 중량감소, 변질 등의 품질저하 현상을 억제하고 저장성을 높이기 위해 질소나 이산화탄소 등 불활성기체를 산소 대신 치환시키는 원리이다. 가스조절의 효과는 과채류의 호흡속도를 감소시켜 숙성과 과숙을 방지하고, 미생물의 번식과 산화반응을 억제하며, 효소반응을 감소시키는 데 있다.

가스저장법에는 CA(Controlled atmosphere storage)저장법과 MAP(Modified atmosphere packaging)저장법이 있으며 공통된 저장 원리는 대기 중의 공기와는 다른 조성의 기체로 변화시켜 사용하는 것이다. 두 가지 방법의 차이점을 살펴보면 CA저장법은 공기의 조성을 일정하게 유지하기 위해 인위적으로 공기조성을 변화시키는 공기조절장치가 있어 대량저장에 유용하고, MAP저장법은 별도의 기계장치 없이 포장 내에서 호흡에 의해 발생하는 기체를 용기나 포장의 가스투과성을 이용하여 조절하며 소포장 단위에 적합하다. 가스저장 시에 산소, 질소, 이산화탄소의 혼합가스를 이용하면 살충효과, 퇴색 방지 등에 매우 효과적이다. CA저장이 항온유지를 위해 밀폐저장고가 필요하고 유지비가 많이 소요되는 단점이 있어, 최근에는 포장을 이용한 MAP저장 이용이 늘고 있으며, 과채류, 육류, 해산물, 베이커리 제품 저장에 널리 이용되고 있다.

곡류 가공

1. 곡류 가공특성

(1) 쌀

곡류는 쌀, 보리, 밀, 호밀, 귀리, 조 등을 말하며, 수분함량이 적고, 외피가 단단하여 오래 저장할 수 있어 이용도가 높은 식품이다. 정미는 왕겨를 벗겨낸 현미를 도정하는 것으로, 현미는 섬유질이 많고 조직이 단단하여 소화가 잘 안 되므로 도정하여 백미를 만든다. 도정은 벼의 겨층을 제거하여 배유를 얻는 것을 말하며, 도정정도에 따라 10분도미(백미), 7분도미, 5분도미 등으로 분류된다. 백미는 현미의 미강층 8%(과피, 종피, 외배유, 호분층, 배아 포함)를 모두 제거하여 정백비율이 92%이며, 5분도미는 미강층의 4%를 제거한 것으로 정백비율이 96%이다.

$$정백률(\%) = B \times 100/A$$

$$도감률(\%) = (A-B) \times 100/A$$

A: 현미 중량   B: 백미 중량

표 4-1 도정률과 도감률

종류	도정률(%)	도감률(%)
현미	100	0
5분도미	96	4
10분도미	92	8

도정도를 결정하는 방법은 색의 정도, 도정시간, 도정회수, 쌀겨층의 박피 정도, 전력소비량, 발생하는 쌀겨량, MG(May Grunwald: 메틸렌블루(methylene blue)와 에오신(eosin) 혼합액) 염색법이 있다. 염색법에 의해 현미는 청녹색, 5분도미는 담청색, 7분도미는 담홍청색, 10분도미(백미)는 담황색을 나타내며, 도정률이 높을수록 옅은 색을 나타낸다.

곡류의 도정의 주목적은 제현(탈각) 후 배유를 얻는 데 있으며, 도정의 원리는 찰리, 마찰, 절삭, 충격 등 네 가지로 두 가지 이상의 원리가 공동으로 작용한다.

표 4-2 도정원리와 특성	
도정원리	**특성**
찰리	강한 마찰이 일어나면서 도정효과가 나는 것으로 곡물 입자의 표면을 벗겨내는데 효과가 크다.
마찰	도정되는 곡물과 도정기 안쪽 면이 서로 마찰되면서 곡물 입자의 표면이 매끈해지고 윤이 난다.
절삭	단단한 물체의 모난 부분으로 곡립의 조직을 깎아 내는 원리에 의한 것으로 깎아 내는 효과가 큰 것은 연삭, 작은 것은 연마라고 한다.
충격	기계와의 부딪힘으로 얻어지는 도정효과이다.

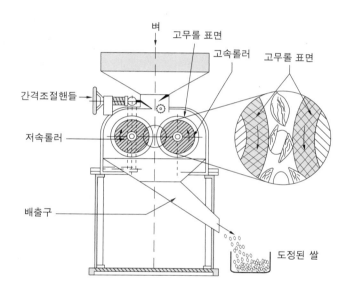

[그림 4-1] **제현기**

쌀 가공품에는 강화미, 알파(α)화미, 쌀가루, 떡 등이 있다. 알파화미는 찐 쌀을 80~100℃의 열풍건조실에서 2~3시간 건조하여 알파화시킨 것으로 뜨거운 물을 부으면 바로 따뜻한 밥이 된다.

곡류강화는 도정 중 외피와 배아가 제거되어 비타민, 무기질이 거의 없는 곡류에 이들 영양소를 강화하여 영양가를 개선하는 것으로 미국에서는 필수적으로 비타민 B_1, B_2, 나이아신 및 철을 강화하고, 선택적으로는 비타민 D와 칼슘을 강화하도록 규정하고 있다. 강화미의 대표적인 것으로 파보일드 라이스(parboiled rice), 컨버티드 라이스(converted rice), 프리믹스 라이스(premix rice)가 있다. 파보일드 라이스는 인도, 버마에서 제조하는 방법으로 벼를 물에 침수시켜 불린 다음 가열한 후 건조, 도정한다. 이때 배아나 미강층의 영양소가 대부분 배유로 이행해서 영양가가 높은 쌀이 되며, 특히 비타민 B_1의 함량이 높다. 컨버티드 라이스는 파보일드 라이스와 똑같은 방법으로 미국에서 제조한 쌀이다.

프리믹스 라이스는 백미에 비타민 B_1, B_2, 무기질을 함유하는 용액을 뿌려서 건조시킨 것이다. 이 물질은 냉수에는 녹지 않고 70℃ 이상의 뜨거운 물에만 녹을 수 있도록 처리하여 세척 시 이들 영양소의 손실은 거의 없다.

(2) 보리

보리는 껍질이 잘 분리되지 않는 겉보리와 껍질이 쉽게 분리되는 쌀보리가 있다.

겉보리는 보리차용이나 맥아로 가공한다. 겉보리를 발아시키면 아밀레이스 활성이 강해지므로 맥아를 만들어 여러 가지 식품 제조에 사용한다. 장맥아는 보리알 길이의 1.5~2배로 싹을 키운 것으로 아밀레이스 활성이 단맥아보다 1.5배 정도 높고 주로 식혜, 물엿 제조에 사용하며, 보리알 길이의 2/3~3/4 정도로 싹을 키운 단맥아는 맥주 제조에 이용하고 있다.

혼수도정은 보리를 도정하기 전에 물을 뿌려 놓거나 도정 중 물을 섞으면서 도정하는 것으로 이 과정에 의해 껍질을 벗기기 쉽고 도정효율이 높아지며 매끈하게 벗겨져 외관을 아름답게 하고 압편이 잘되는 장점이 있다. 혼수량은 쌀보리는 4% 정도, 겉보리는 5~7%이다.

보리는 도정 후에도 단단해서 소화가 잘 되지 않으므로 할맥이나 압맥으로 가공한다. 할맥은 도정한 보리의 골을 중심으로 두 쪽으로 나눈 후 다시 고랑을 제거한 것으로 기호성과 소화성이 향상되며, 압맥은 압편기의 예열통에 넣고 70℃의 증기를 가해 수분을 25~30% 정도로 하여 조직을 연화시킨 후 롤러로 눌러 납작하게 만든 후 급냉시킨다.

(3) 밀

밀은 제분공정을 통해 밀의 고랑을 제거하고 배유를 가루로 만들어 사용한다. 제분은 정선, 템퍼링, 컨디셔닝, 조쇄, 분쇄, 숙성 등의 공정을 거친다. 템퍼링은 가수공정으로 밀에 물을 뿌린 다음 수분함량이 13~16% 정도 되게 하여 21~25℃, 24~48시간 방치하는 과정이다. 이 공정의 목적은 외피의 수분흡수로 질긴 성질을 더 강화시켜 제분 중 외피가 부서져 밀가루에 밀기울이 혼입되는 것을 방지하고, 배유는 부드럽게 해서 분쇄를 용이하게 하는 것이다.

$$첨가할 물의 양 = 밀 중량 \times \left(\frac{100 - 원료\ 밀의\ 수분}{100 - 목적하는\ 수분함량} - 1 \right)$$

컨디셔닝은 템퍼링한 후 40~60℃로 가열하여 냉각하는 것으로 목적은 배유의 분리를 용이하게 하고, 글루텐 형성이 잘되도록 하여 제빵성을 향상시키기 위한 것이다. 조쇄 및 분쇄 공정을 통해 배유와 밀기울을 분리하며, 조쇄공정 중 생산되는 브레이크 밀가루 (break flour)는 거친 밀가루를 말하며, 이 밀가루를 활면롤러로 분쇄하여 곱고 미세하게 만든 밀가루를 패턴트 밀가루(patent flour)라 한다.

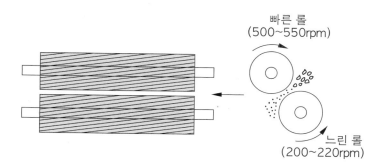

[그림 4-2] **조쇄롤러**

제분 후의 밀가루는 카로티노이드계 색소 등이 함유되어 있어 1~2개월 숙성시키면 탈색되고 제빵 적성이 좋아진다. 그러나 숙성과정에 많은 시간이 소요되고 균일한 제품생산이 용이하지 않으므로 과산화벤조일, 이산화염소, 브롬산칼륨 등의 품질개량제를 사용하여 숙성시간을 단축시키며 가공적성을 증가시킨다.

제분이 완성된 밀가루에 물을 넣어 반죽하면 단백질 글루테닌과 글리아딘이 글루텐을 형성하여 점탄성이 생기며, 이를 이용하여 국수, 과자, 빵 등으로 가공할 수 있다. 밀가루는 글루텐 함량에 따라 강력분(13% 이상), 중력분(11~13%) 및 박력분(10% 미만)으로 분류되며, 강력분은 식빵, 마카로니 제조 등에, 중력분은 주로 가정용으로, 박력분은 케이크, 비스킷, 파이크러스트, 튀김옷 등에 사용된다.

밀가루는 원료밀의 종류 및 제분정도에 따라 품질차이가 나는데 품질측정 방법에는 색도검사, 입도측정, 팽윤도시험, 회분함량 측정, 산도측정 및 반죽의 물리적 특성 측정 등이 있다.

표 4-3 밀가루의 품질 특성 측정방법	
품질측정방법	특성
색도검사	밀기울의 혼합 정도를 조사하는 것으로 많이 혼합되면 산화효소에 의해 착색정도가 심하게 나타난다. 페커시험법이 주로 사용되며 이 시험법은 유리판 위에 기준 밀가루와 시험 밀가루를 소량 올려놓고 유리판으로 눌러 얹어 색도를 비교하는 방법으로 물속에 침수시켜 담갔다가 꺼낸 후의 색도 및 건조 후 색도를 비교한다.
입도측정	입자가 작고 고울수록 흡수율이 증가하고 가공적성이 좋아진다. 밀가루를 체눈 크기(mesh)가 다른 체로 친 다음 체 위에 남는 양을 전체량에 대한 %로 표시한다. 밀가루 입자의 크기는 0.15mm 이하이어야 한다.
팽윤도시험	일정량의 밀가루에서 분리한 글루텐을 작은 덩어리로 만든 후 젖산 용액에 일정시간 담가 팽창한 부피를 측정한다.
회분함량 측정	회분은 주로 밀기울에 함유된 것으로 0.55% 이하이면 고급밀가루이고, 0.7~1.5%의 범위이면 저급밀가루로 판정한다.
산도측정	밀가루의 변질상태를 알 수 있다.
반죽의 물리적 특성	• 패리노그래프(Farinograph): 밀가루 반죽의 점탄성 측정 • 엑스텐소그래프(Extensograph): 반죽의 신장도와 늘이면서 인장항력 측정 • 아밀로그래프(Amylograph): α-아밀레이스(α-amylase)의 활성 측정 • 비스코그래프(Viscograph): 밀가루의 호화특성 측정

식빵은 주재료인 밀가루에 설탕, 소금, 유지, 물, 팽창제 등을 혼합하여 만든 반죽을 1차 및 2차 발효과정을 통해 부풀린 후 오븐에 일정시간 구워낸 것이다. 첨가하는 각 재료의 역할은 제빵과정에서 매우 중요하다.

설탕은 단맛을 부여하고 효모의 영양원으로 작용하며 메일러드 반응과 캐러멜화 반응으로 껍질의 색을 생성하며, 노화지연 등의 역할을 한다. 소금은 효모활성 억제, 미생물의 생육 억제 및 글루텐 강화 역할을 하게 된다. 또한 유지는 노화지연, 반죽의 부드러움을 주는 윤활작용, 바삭한 맛을 주는 쇼트닝성과 가소성, 크리밍성에 의한 팽화작용, 갈변작용과 풍미 형성 등의 특성을 부여한다. 물은 수화작용, 용매의 역할, 반죽의 유동성 및 반죽의 온도 조절에 관여한다. 이스트는 생물학적 팽창제로 탄산가스와 알코올을 발생하면서 발효시키는데 탄산가스는 부피를 증가시키고, 알코올은 글루텐을 용해하는 성질이 있어 반죽을 부드럽게 한다.

밀가루 반죽의 패리노그래프

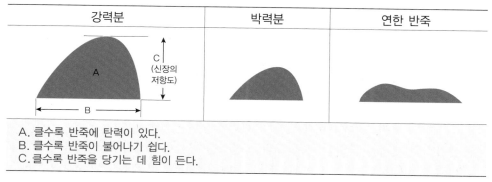

A. 클수록 반죽에 탄력이 있다.
B. 클수록 반죽이 불어나기 쉽다.
C. 클수록 반죽을 당기는 데 힘이 든다.

밀가루 반죽의 엑스텐소그래프

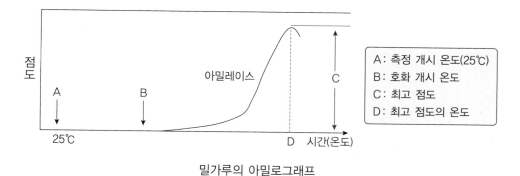

밀가루의 아밀로그래프

[그림 4-3] 반죽의 물리적 특성

1) 빵

빵은 팽창제에 따라 발효빵과 비발효빵으로 분류되며 발효빵은 효모(*Sacchararomyces cerevisiae*)를 사용하여 발효과정 중 생성되는 탄산가스가 팽창제 역할을 하는 것으로 식빵, 모닝빵 등이 있고, 비발효빵은 베이킹파우더를 사용하여 팽창시킨 것으로 케이크, 비스킷 등이 있다.

표 4-4	팽창제 사용여부에 따른 밀가루 제품의 분류	
발효빵	비발효빵	
효모	베이킹파우더	공기, 수증기
식빵, 롤케이크 호두앙금빵 모닝빵, 소보로빵	케이크, 핫케이크 와플, 비스킷 쿠키, 찐빵	스펀지케이크 엔젤케이크 카스텔라

빵을 만드는 방법으로는 직접반죽법과 스펀지법이 있다. 직접반죽법은 필요한 효모와 밀가루 등을 한꺼번에 배합, 반죽하여 발효시키는 것으로 체 친 밀가루에 효모와 설탕 등 재료를 넣고 혼합, 반죽, 1차 발효시킨 후 가스 빼기를 한다. 다음 2차 발효를 시킨 후 분할, 성형, 빵틀에 넣고 재우기를 한 다음 구워낸다. 가스 빼기를 하는 이유는 과다하게 생성된 탄산가스의 제거와 균일한 분포 그리고 산소를 공급하여 효모의 발육을 촉진하고 발효가 균일하게 진행되도록 하기 위해서이다. 직접반죽법은 단기간에 발효되며 그에 따라 노력이 절약되고 제품의 향미가 향상되는 장점이 있다.

[그림 4-4] 직접반죽법과 스펀지법

스펀지법은 반죽을 두 번에 나누어 스펀지 반죽과 본 반죽을 하는 것으로 약간의 효모와 사용할 밀가루의 절반을 혼합한 후 효모를 증식시키고 남은 밀가루를 혼합하여 다시 반죽하는 방법이다. 이 방법은 발효시간이 다소 긴 편이나 효모의 양을 절약할 수 있고 향, 맛, 조직이 좋은 빵을 제조할 수 있는 장점이 있다.

2) 면

면의 주원료는 밀가루이나 감자, 메밀가루 등 다양한 재료를 사용할 수 있으며 부재료로 칡, 클로렐라, 녹차 등의 기능성 물질을 첨가하여 맛이 다양한 국수를 만들 수 있다. 건조국수는 중력분과 소금, 물을 배합하여 제조하는데 원료를 반죽한 후 롤러에 넣어 8~10mm 두께로 압연하여 면대를 만들고 다시 2m 길이로 잘라 1차로 수분함량을 20~25%로 건조시킨다. 다시 2차로 수분함량이 15% 정도 되도록 건조하여 20~25cm 길이로 잘라 포장한다. 제면 시 첨가하는 소금은 반죽의 점탄성을 높여 주고 소금 중 함유된 $MgCl_2$의 흡습성을 이용하여 건조속도를 조절하며, 발효 및 미생물 번식을 억제하는 역할을 한다. 국수 제조법을 분류하여 그 특징을 살펴보면 다음과 같다.

표 4-5 제면법과 특징

제면법	특징
수인법	밀가루를 반죽하여 막대 모양으로 만든 것에 기름을 바르고 손으로 잡아 당겨 길게 늘여 만드는 방법으로 중국에서 주로 사용한다.
절단법	가장 일반적 제면법으로 면봉(밀대)과 칼로 제면하는 것으로 우리나라의 칼국수가 여기에 속한다.
삭면법	기름을 바른 반죽을 가는 끈 모양으로 늘인 다음 두 개의 막대 사이에 말아 붙인 후 한쪽 막대는 고정시키고 다른 한쪽의 막대를 잡아 당겨 가늘게 늘이는 방법으로 일본의 소면이 있다.
착면법	작은 구멍을 뚫은 국수틀에 반죽을 넣고 눌러 뽑아내는 방법으로 냉면의 제조법이다. 글루텐이 부족한 가루를 원료로 한 제면에 사용한다.
하분법	쌀가루를 피막형태로 가공한 것으로 쌀을 물에 불린 후 분쇄하여 페이스트 상태로 만든 다음 편편한 그릇에 얇게 펴서 찌면 반투명한 얇은 쌀 피막이 되고 이를 국수처럼 잘라서 사용하는데 쌀국수가 이에 속한다.

면의 종류에는 제조방법에 따라 신연면과 압출면, 선절면 등이 있는데 신연면은 중력분을 사용하여 반죽을 길게 빼어 제조한 것으로 중화면, 우동, 소면이 있고, 압출면은 강력분

을 사용하며 반죽 후 다양한 크기와 모양으로 압출한 것으로 마카로니, 파스타 등이 있다. 선절면은 넓게 면대를 만들고 가늘게 절단해서 만든 것으로 국수, 생면이 이에 속한다.

표 4-6 면의 굵기

번호	#5	#6	#8	#10	#12	#14	#16	#18	#20	#22	#24	#26	#28	#30	#40	#50
굵기(mm)	6	5	3.8	3.0	2.5	2.2	1.8	1.6	1.5	1.4	1.3	1.2	1.1	1.0	0.8	0.6
용도 각인	국수				우동		메밀국수					소면				
용도 환인	국수				우동		중화소면									

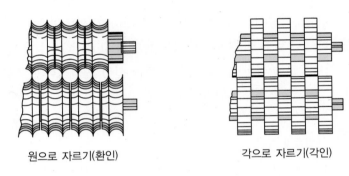

원으로 자르기(환인)　　　　각으로 자르기(각인)

[그림 4-5] 선절롤의 종류

당면은 우리나라에서 고구마전분과 옥수수전분이 주로 사용되는 전분국수이다. 고구마전분의 일부를 익반죽하여 풀처럼 만든 후 나머지 전분을 넣고 따뜻한 물로 치대며 반죽하여 구멍 난 틀로 실같이 뽑아내어 끓는 물에서 삶아 동결시킨다. 동결시킨 국수를 천천히 녹여 수분을 뺀 후 건조시킨다.

라면은 중력분, 소금, 물 등을 넣어 반죽한 후 제면롤을 통과시켜 압연하여 면대를 만들고 가느다란 면선으로 절단하여 95℃ 증기로 2분 쪄서 전분을 호화(α)시킨 후 1인분씩 성형하여 150~160℃에서 2분간 튀겨 내면 수분함량이 5% 정도로 낮아진다. 기름에 튀기는 목적은 수분의 감소 및 기름의 흡수 그리고 전분을 알파화하는 데 있다. 튀김기름으로는 팜유를 주로 사용한다. 라면은 기름이 많아 산패도가 빠르므로 직사광선을 피하고 저온에서 보관하는 것이 좋다. 호화온도를 낮추어 알파화도를 95%로 만든 라면은 플라스틱 용기에 포장하는데 여기에 뜨거운 물을 부으면 2~3분 후에 먹을 수 있으며 이것이 컵라면이다.

2. 곡류 가공제품 제조방법

(1) 엿기름(맥아)

1) 재료 및 기구

- 재료: 보리 1kg
- 기구: 체, 침지통, 온도계, 발아상자, 열풍건조기, 분쇄기, 병

2) 제조방법

정선 및 세척 ▶ 침지 ▶ 발아 ▶ 건조 ▶ 뿌리제거 ▶ 분쇄

① 정선 및 세척: 보리를 체로 쳐서 완전하지 않은 보리 알맹이, 이물질 및 불순물을 제거하고 물로 씻는다.

② 침지: 정선된 보리를 침지통에 넣고 3~5배의 물을 가한다. 이때 물의 온도는 약 15℃가 좋으며, 매일 2~3회 물을 갈아 준다. 여름은 1~2일, 겨울은 3~4일이 적당하다.

③ 발아: 발아 상자에 보리를 3~5cm 두께로 펴고, 발아 최적온도는 20℃이나 잡균을 방지하기 위해 12~18℃의 낮은 온도로 유지한다.

가끔 교반을 하면서 호흡작용에 필요한 산소를 충분히 공급한다. 2~3일 경과하면 뿌리가 내린 후 싹이 나온다. 싹이 보리알의 1.5~2배로 크면 발아를 중지시켜 사용한다. 이를 녹맥아라 한다.

④ 건조: 위의 녹맥아는 양건법, 음건법, 열풍건조법 등의 건조법을 이용하여 건조맥아를 만든다. 열풍건조할 때는 온도를 38~40℃로 해서 점차 40~50℃까지 올린다. 50℃ 이하에서 실시해야 하며, 온도가 높으면 맥아 속의 전분이 호화되고 단단한 맥아가 되며 아밀레이스가 파괴될 수 있으므로 주의한다.

⑤ 뿌리제거: 2~3일간 건조하여 덜 건조되었을 때 손으로 문질러서 뿌리를 제거한다.

⑥ 분쇄: 건조시킨 맥아를 분쇄하여 병에 넣고 밀봉한다.

맥아에는 아밀레이스(amylase), 프로테이스(protease), 포스파테이스(phosphatase) 등의 효소가 존재한다. 아밀레이스는 전분을 당으로 분해하며 최적 조건은 pH 5.0~6.0, 온도 60~80℃이다. 프로테이스는 발아에 의해 활성화되어 단백질분해작용을 하여 맥주의 감칠맛을 내며 거품을 잘 형성하게 한다. 포스파테이스는 유기 인산화합물을 분해하여 무기인산을 생성시키는데, 인산은 맥주의 완충작용을 한다.

(2) 감주

1) 재료 및 기구

- 재료: 멥쌀 60g, 엿기름가루 40g, 물 500mL, 설탕 30g
- 기구: 비커(1L), 온도계, 배양기, 찜통, 주걱, 밀폐용기, 냉장고, 계량컵, 병 면포(고운체)

2) 제조방법

① 엿기름 추출: 엿기름가루에 분량의 물을 가하여 고루 섞은 후 1~2시간 정도 그대로 두어 효소를 추출한 후 윗물을 면포에 거르고 가라앉은 찌꺼기는 버린다.

② 고두밥 짓기: 멥쌀을 물에 1시간 이상 담갔다가 찜통에서 30분간 쪄서 고두밥을 만든다. 찌는 도중에 물을 뿌려 위아래를 섞어주어 고루 쪄지도록 한다.

③ 혼합: 고두밥을 1L 비커에 넣고 엿기름 추출액을 가하여 덮개를 해 준다.

④ 당화: 60℃ 배양기에 넣어서 1~1.5시간마다 한 번씩 저어주면서 5~8시간 당화시킨다. 균등한 당화와 당화 감소를 방지하기 위해 저어준다.

⑤ 가당 및 살균: 당화가 끝나면 소량의 설탕을 가하여 섞으면서 약 10분간 가열·살균한다.

⑥ 냉각 및 저장: 병에 넣은 후 밀폐 뚜껑을 하여 냉암소에 저장하면 오래 저장할 수 있다.

맥아효소 아밀레이스 작용에 의한 전분당화로 포도당, 맥아당 등이 생성되어 감미가 강하다. 이밖에 여러 가지 효소의 작용으로 알코올, 산 등이 생성되고 이들이 배합되어 에스테르가 만들어지는데 이것이 감주의 방향성분이다.

(3) 쑥갠떡

1) 재료 및 기구

- 재료: 멥쌀 400g(멥쌀가루 500g), 쑥 150g, 소금 4g, 설탕물(설탕:물=1:6) 100~150mL
  참기름 5g
- 기구: 볼, 떡살, 베보자기, 시루, 계량컵

2) 제조방법

쑥 데치기 ▶ 떡가루 빻기 ▶ 익반죽 ▶ 떡살 찍기 ▶ 찌기

① 쑥 데치기: 쑥은 소금을 넣은 끓는 물에 파랗게 데쳐서 찬물에 3~4번 헹군 후 물기를
   꼭 짠다. 쑥색을 살리려면 데칠 때 중조(3g)를 넣고 데친다.
② 떡가루 빻기: 물에 불려 건진 멥쌀, 데친 쑥, 소금을 넣고 가루로 빻는다.
   쌀은 깨끗이 씻어 물에 불려야 한다. 쌀을 씻지 않거나 깨끗이 씻지 않고 물에 불리
   면 떡가루를 냈을 때 쌀겨 냄새가 나거나 여러 가지 잡내가 난다. 쌀을 불리는 시간
   은 여름에는 4~5시간, 겨울에는 8~10시간 정도이다. 쌀 800g(1되, 5컵)을 불려 빻
   으면 1kg(11컵) 정도의 쌀가루가 나온다.
③ 익반죽: 끓는 설탕물을 부어 귓밥 정도로 익반죽한다.
④ 떡살 찍기: 반죽을 50~60g씩 떼어 동글납작하게 만들거나 떡살로 찍어낸다.
⑤ 찌기: 김 오르는 시루에 베보자기를 깔고 성형한 반죽을 넣어 5~10분 정도 김을 올
   리고, 3~5분 정도 뜸을 들인 후 불에서 내린다. 한 김 나가면 꺼내어 참기름을 윤기
   나게 골고루 바른다.

쑥 대신 모시잎, 수리취, 송기를 파랗게 데쳐 멥쌀과 같이 빻아 만들면 모시잎갠떡, 수리
취갠떡, 송기갠떡이 된다.

(4) 대추단자

1) 재료 및 기구

- 재료: 찹쌀가루 300g, 소금 1.5g, 건대추 100g, 설탕물(설탕:물=1:6) 30mL
  잣 140g, 꿀 100mL
- 기구: 분쇄기, 볼, 한지, 찜통, 면포, 계량컵, 계량스푼

2) 제조방법

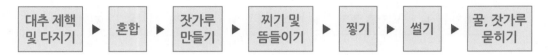

① 대추 제핵 및 다지기: 대추는 씨를 발라낸 후 분쇄기나 칼로 곱게 다진다. 대추에 물을 넣고 푹 고아서 만든 대추고를 사용하기도 한다.

② 혼합: 다진 대추와 찹쌀가루를 섞고 설탕물을 훌훌 뿌려서 고루 섞는다.

③ 잣가루 만들기: 잣은 고깔을 떼어낸 후 한지 위에 놓고 칼로 살살 썰어 보슬보슬하게 가루 낸다.

④ 찌기 및 뜸들이기: 찜통에 면포를 깔고 위의 다진 대추와 설탕물을 혼합한 찹쌀가루를 살포시 넣어 10분 정도 김을 올리고, 5분 정도 뜸을 들인 후 불에서 내린다.

⑤ 찧기: 푹 쪄서 뜨거울 때 절구에 넣고 꽈리가 나게 찧는다. 면포에 싼 채 손으로 여러 번 쳐도 된다.

⑥ 썰기: 깨끗한 도마에 꿀을 바르고 위의 반죽을 두께 1cm로 납작하게 반대기를 지어 식힌 후 가로 2.5cm, 세로 3.5cm 크기로 썬다.

⑦ 꿀, 잣가루 묻히기: 표면에 꿀을 바르고 잣가루를 묻혀 낸다. 떡을 일정하게 써는 대신 30g 정도의 크기로 떼어 동그랗게 빚어서 꿀을 발라 밤채나 대추채를 묻혀도 된다.

(5) 쇠머리떡

1) 재료 및 기구

- 재료: 찹쌀가루 500g, 소금 4g, 밤 150g, 대추 100g, 팥 80g, 검은 콩(서리태) 80g
  설탕 60g
- 기구: 체, 냄비, 볼, 시루, 시루 밑, 베보자기

2) 제조방법

① 빻기 및 체 내리기: 찹쌀을 불려서 소금을 넣고 가루로 빻아 체에 내린다.

② 밤, 대추 준비: 밤은 속껍질까지 벗겨 3~4등분하고, 대추는 씨를 발라낸 후 3~4등분한다.

③ 팥, 검은콩 준비: 팥은 껍질이 터지지 않게 통통하게 삶아 놓고, 검은 콩은 물에 불린다.

④ 혼합: 찹쌀가루에 준비한 밤, 대추, 팥, 검은 콩과 설탕을 고루 섞어 준다. 이때 검은 콩은 시루 밑에 깔 것을 조금 남긴다.

⑤ 시루 얹기: 시루에 시루 밑을 깔고 베보자기를 얹어 남겨 놓았던 검은 콩을 한 켜 깐 다음 그 위에 준비한 찹쌀가루, 밤 등의 혼합재료를 얹어 평평하게 편다.

⑥ 찌기 및 뜸들이기: 10분 정도 김을 올리고, 5분 정도 뜸을 들인 후 불에서 내린다.

⑦ 썰기: 찐 떡을 시루에서 꺼내어 식혀 떡 표면이 굳어지면 적당한 크기로 썬다. 약간 굳었을 때 쇠머리편육처럼 썰어 구워 먹으면 별미라 해서 쇠머리떡이라 한다.

(6) 식빵

1) 재료 및 기구

- 재료: 강력분 1,300g(100%), 물 819g(63%), 이스트 39g(3%), 이스트푸드 2.6g(0.2%)
  소금 26g(2%), 설탕 91g(7%), 쇼트닝 65g(5%), 분유 26g(2%)
- 기구: 믹싱볼, 발효기, 오븐, 식빵틀, 밀방망이

2) 제조방법

① 재료 혼합: 쇼트닝을 제외한 나머지 재료를 믹싱볼에 담는다.

② 믹싱: 저속으로 1분 돌려준다. 저속으로 돌리면 재료가 고루 혼합되고 글루텐을 잘 형성시킬 수 있다. 재료가 혼합되기 전에 중속으로 돌리면 재료가 밖으로 튀어나올 수 있고 글루텐 형성이 저해된다. 반죽이 어느 정도 엉기면 중속으로 5분 돌린다. 반죽이 하나로 뭉칠 때까지 계속 돌려준다. 이 과정에서 글루텐이 형성된다.

③ 쇼트닝 첨가 및 반죽: 위에 쇼트닝을 넣고 저속으로 1분, 중속으로 12분 반죽하면서 잘 섞이도록 한 후 반죽을 손으로 떼어서 펴 보았을 때 껌처럼 벌려지면서 투명해질 때까지 반죽한다. 이때의 반죽의 품온이 27℃ 정도이다. 반죽의 온도는 반죽 시간이 길수록 마찰에 의해서 높아진다.

④ 1차 발효: 온도 27℃, 습도 80%의 조건에서 75~80분간 발효시킨다. 발효를 통해 약 2~3배 크기로 부풀어 오르는데 반죽을 손가락으로 밀어 눌렀을 때 움푹 들어간 자리가 쉽게 되올라 오지 않으면 발효가 잘 된 것이다.

⑤ 분할: 반죽을 꺼내어 180g으로 분할한 뒤 손바닥을 오므려 반죽을 덮고 계속 빙빙 돌려 반죽을 공처럼 동그랗게 뭉쳐 바트 위에 얹는다.

⑥ 중간 발효: 분할한 반죽 덩어리를 10~15분 정도 자연 발효시키는데 이를 중간 발효라 하며, 이때 손가락으로 눌렀을 때 본래 상태로 재빨리 되돌아오면 적당히 발효된 때이다.

⑦ 공기 빼기: 적당하게 발효된 반죽을 하나씩 떼어 공기 중에 노출되었던 면이 밑으로 가게 한 후 밀방망으로 사방을 가볍게 밀면서 공기를 빼준다. 공기를 뺀 반죽은 타원형으로 만들어 3등분으로 좌우로 접은 다음 이것을 다시 돌돌 말아 준다. 이렇게 말

은 반죽을 잘 다듬은 후에 기름을 고루 바른 식빵틀에 넣는데 좌, 우에 먼저 넣고 가운데는 나중에 넣는다.

⑧ 2차 발효: 식빵틀에 넣은 반죽을 온도 35℃, 습도 85%에서 40~50분 정도 발효시킨다.

⑨ 굽기: 200℃의 오븐에서 30~35분간 굽는다. 오븐에 넣어 5분 정도 경과한 후의 부피가 최종 식빵의 부피가 된다. 오븐에 들어가면서 5분 내로 탄산가스, 알코올이 증발되면서 부피가 증가하기 때문이다. 빵 윗면이 갈색이 되면 오븐 하단 불을 약하게 줄인다. 식빵의 품온이 95℃ 되면 완전히 구워진 것이며 윗면, 옆면, 아랫면이 모두 갈색이 나도록 구워야 한다. 보통 색깔만 보고도 구워진 정도를 측정할 수 있다.

부피가 큰 빵을 구울 때는 오븐 내의 윗불은 약하게, 아랫불은 강하게 하다가 빵 윗면의 색이 갈색이 날 때 아랫불을 약하게 한다. 부피가 작은 과자를 구울 때는 오븐 내의 윗불은 세게, 아랫불은 약하게 한다.

(7) 이스트도넛

1) 재료 및 기구

- 재료: 강력분 640g(80%), 박력분 160g(20%), 물 420g(52%), 생이스트 40g(5%)
  이스트푸드 0.8g(0.1%), 소금 14g(1.7%), 설탕 80g(10%), 쇼트닝 48g(6%)
  탈지분유 32g(4%), 달걀 64g(8%), 넛맥 2.4g(0.3%)
- 기구: 믹싱볼, 커터기, 발효기, 튀김기, 바트, 체, 면포

2) 제조방법

재료 혼합 및 반죽 ▶ 1차 발효 ▶ 중간 발효 ▶ 중간 발효 ▶ 튀기기 ▶ 슈가 묻히기

① 재료 혼합 및 반죽: 물, 달걀, 쇼트닝을 제외한 나머지 재료를 잘 섞은 후에 물(여름: 얼음물, 겨울: 따뜻한 물), 달걀을 넣고 반죽한다. 어느 정도 반죽이 되었을 때 쇼트닝을 넣고 반죽하는데 이때의 반죽은 식빵 반죽과 동일하며 반죽 온도는 26~28℃이다.

② 1차 발효: 완성된 반죽은 그릇에 담아 면포를 씌운 후 온도 27℃, 습도 80%의 조건에서 1시간 30분 정도 발효시킨다.

③ 중간 발효: 1차 발효된 반죽을 두께 8mm 정도로 밀어 도넛 커터기로 찍어낸 다음 면포를 깐 바트에 놓아 20분 정도 실온에서 자연 발효시킨다. 1차 발효된 반죽으로 꽈배기 모양을 만들기도 한다.

④ 2차 발효: 중간발효한 반죽을 37℃에서 두께 2cm 정도로 부풀어 오를 때까지 건조 발효시킨다. 건조 발효시키는 이유는 수분이 있으면 튀길 때 기름이 튀기 때문에 수분을 건조시키기 위함이다.

⑤ 튀기기: 온도 160~170℃에서 튀겨 낸다. 기름에 닿은 면이 노릇노릇하게 되었을 때 뒤집어 준다. 튀김온도가 높으면 겉만 타고 속은 익지 않는다.

⑥ 슈가 묻히기: 튀겨낸 도넛이 뜨거울 때 파우더 슈가를 고루 묻힌다.

이스트가 들어가는 반죽을 할 때 여름에는 얼음물, 겨울에는 따뜻한 물을 사용하는 이유는 이스트가 활동하기에 적합한 온도를 맞춰 주기 위해서이다. 여름에는 온도가 너무 높아 활동 온도가 높아져 얼음물을 사용하여 낮추어 주는 것이며, 겨울에는 활동 온도를 높이기 위해 따뜻한 물을 사용한다.

(8) 찐빵

1) 재료 및 기구

- 재료: 강력분 700g(70%), 박력분 300g(30%), 이스트 30g(3%), 소금 15g(5%)
  설탕 100g(10%), 물 620g(62%), 쇼트닝 90g(9%), 팥소(팥 500g, 설탕 100g,
  물엿 200g, 소금 5g, 계피가루 5g)
- 기구: 믹싱볼, 발효기, 찜기, 오븐, 바트

2) 제조방법

① 재료 혼합 및 반죽: 식빵과 반죽, 발효 방법이 동일하다. 찐빵은 반죽이 약간 질어야
   쪄 놓은 후에 부드럽다. 반죽 온도는 27~28℃ 정도 된다.
② 1차 발효: 완성된 반죽은 그릇에 담아 면포를 씌운 후 온도 27℃, 습도 80% 조건에서
   55~60분 정도 발효시킨다.
③ 분할: 반죽을 꺼내어 30g으로 분할한 뒤 공처럼 동그랗게 뭉쳐 바트 위에 얹어 놓는다.
④ 중간 발효: 위의 반죽을 실온에 방치하여 10~15분 정도 자연발효시킨다. 이때 손가
   락으로 눌렀을 때 본래 상태로 빨리 되돌아오면 적당히 발효된 때이다.
⑤ 팥소 준비: 팥은 껍질이 터지지 않게 통통하게 삶아 절구에 넣고 반 정도 팥 알갱이
   형태가 남아 있을 정도로 찧는다. 설탕, 물엿, 소금, 계피가루를 기호에 따라 첨가하
   여 혼합한다.
⑥ 성형: 반죽 가운데를 손으로 동그랗게 오므려 공간을 만든 다음 그 안에 팥소를 적당
   량 넣는다.
⑦ 2차 발효: 팥소를 넣은 반죽은 온도 33~35℃(건조 발효)에서 20~25분 정도 발효시
   킨다.
⑧ 찌기: 찜통에 면포를 깔고 발효시킨 위의 것을 가지런히 놓고 5~6분 쪄낸다.

찐빵은 찐 후에 즉시 뚜껑을 열면 찬 공기와 접촉하게 되어 찐빵 모양이 쭈그러든다. 도
넛으로 만들 경우 성형한 빵 반죽을 2차 발효시킨 후 표면에 핀셋으로 구멍을 낸 다음
200℃에서 튀겨 낸다.

(9) 제면

1) 재료 및 기구

- 재료: 중력분 1kg, 소금 35g, 물 310mL(여름)~330mL(겨울)
- 기구: 제면기, 널빤지, 메스실린더, 건조대

2) 제조방법

① 반죽: 분량의 소금과 물로 소금물을 만들어 밀가루에 넣어 반죽한다.

② 면대 만들기: 제면기 롤 간격을 나사로 조절하여 약 8mm로 한 후 반죽을 밀어 넣으면서 제면기를 돌리면 면대가 만들어지는데, 이 면대를 다시 넣어 돌리면서 간격을 좁혀 2~3mm정도 면대가 되면 면봉에 감는다.

③ 절단: 절단 롤은 10번(3.0mm), 12번(2.5mm), 14번(2.2mm) 사이즈가 있으며, 절단 롤을 통과시켜서 사이즈대로 국수가닥을 만든다.

④ 생면: 가닥을 25cm 길이로 끊어 생면으로 한다.

⑤ 건면: 국수가닥을 2m 정도로 끊어 건조대에 걸어서 그늘에서 말린 다음 햇볕에 다시 말린다. 건조 후 25cm 길이로 잘라 포장한다.

파스타는 듀럼밀에 달걀, 올리브유, 소금을 넣어 만든 서양계 국수로 여러 가지 모양으로 성형되어 제조된다.

(10) 쌀의 정백도 판정

1) 재료 및 기구

- 재료: 백미, 현미 등 정백도가 다른 쌀
- 기구: 시험관, 스포이드, 유리접시, MG 용액

※ MG 용액: 메틸렌 블루와 에오신 혼합액, 쌀 염색할 때는 메탄올(methanol)로 2배 희석, 보리 염색할 때는 3배 희석

2) 실험방법

① 세척: 깨끗이 씻은 쌀알 10~15개를 시험관에 넣는다.
② 염색: MG 용액을 쌀알이 잠길 정도로 넣는다.
③ 진탕: 시험관의 윗부분을 잡고 30초 동안 가볍게 흔들어 준다.
④ 염색약 세척: 염색용액을 조심스럽게 따라 버리고 2~3회 물로 씻어낸다.
⑤ 관찰: 유리접시에 염색된 쌀알을 놓고 색을 관찰한다.

(11) 찹쌀과 멥쌀의 판정

1) 재료 및 기구

- 재료: 찹쌀, 멥쌀
- 기구: 시험관, 스포이드, 약사발, 시험관집게, 알코올램프, 루골(Lugol) 용액(물 50mL에 KI 1g과 I_2 0.7g 용해)

2) 실험방법

① 분쇄: 찹쌀과 멥쌀 2~3알을 약사발로 분쇄하여 각각 시험관에 넣는다.
② 호화: 위의 시험관에 소량의 물을 넣고 가열, 호화시킨다.
③ 냉각: 찬물에 넣어 냉각시킨다.
④ 염색: 루골 용액을 1~2방울 넣고 착색시킨다.
⑤ 관찰: 색을 관찰한다.

녹말이 착색된 후 가열하면 점차 색이 없어지는데 이유는 가열로 녹말분자의 운동이 활발해지면서 나선구조가 무너지고 결합되어 있던 요오드 분자가 나선구조에서 이탈하기 때문이다. 그러나 가열을 중단하고 냉각시키면 다시 요오드 복합체를 만들어 색상이 나타난다.

(12) 빵의 반죽팽창력 시험

1) 재료 및 기구

- 재료: 밀가루(강력분, 중력분, 박력분) 100g, 압착효모 3g, 설탕 2.5g, 소금 1.5g 물 60mL
- 기구: 부피팽창 측정용 실린더, 체, 볼, 항온기, 반죽기

2) 실험방법

체 치기 ▶ 효모 준비 ▶ 혼합 ▶ 반죽 및 발효 ▶ 관찰

① 체 치기: 밀가루를 각각 체로 쳐서 30℃ 항온기에 1시간 방치한다.

② 효모 준비: 압착효모에 30℃의 물을 30mL 넣고 항온기(30℃)에 10분 방치한다. 건조효모일 경우 30℃의 물 30mL에 설탕 1g을 용해하여 항온기에 45분 방치한다.

③ 혼합: 밀가루에 위의 효모용액을 가하고 이에 30℃의 물 30mL에 분량의 설탕과 소금을 용해하여 넣는다.

④ 반죽 및 발효: 반죽기로 2분 교반한 후 이를 부피팽창 측정용 실린더에 넣어 온도 30℃, 습도 80% 유지하며 발효시킨다.

⑤ 관찰: 50분간 발효한 후 부피를 읽어 기록한다.

밀가루의 글루텐 함량과 효모종류에 따라 팽창률이 달라진다.

(13) 밀가루의 글루텐 양 시험

1) 재료 및 기구

- 재료: 밀가루(강력분, 중력분, 박력분 등) 각 100g, 물 60mL×3
- 기구: 볼, 수저, 면자루, 비커

2) 실험방법

① 반죽: 밀가루를 볼에 담고 분량의 물을 조금씩 떨어뜨리고 수저로 잘 저으면서 하나로 어우러지게 반죽한 후 이기면서 귓밥 정도로 반죽한다.

② 방치 및 세척: 위의 반죽을 물에 1시간 정도 담갔다가 면자루에 넣고 흐르는 물속에서 주물거리며 맑은 물이 나올 때까지 전분을 유출시킨다.

③ 침수: 남은 글루텐을 1시간 물에 담갔다가 손바닥으로 눌러 물기를 빼고 중량을 잰다. 이것을 습글루텐이라 한다.

④ 건조: 습글루텐을 100℃ 건조기에서 항량이 될 때까지 건조시킨 후(약 24시간 소요) 이를 냉각하여 중량을 잰다. 이것을 건글루텐이라 한다.

습부율(%) = 습글루텐 중량×100/사용한 밀가루 중량

건부율(%) = 건글루텐 중량×100/사용한 밀가루 중량

밀가루의 종류에 따라 글루텐 함량이 달라지는데 이는 함유된 단백질 함량이 다르기 때문이다.

과일 가공

1. 과일류 가공특성

(1) 과일 가공의 전처리

과일의 구조는 외피, 과육부, 종자로 구성되어 있으며, 수분을 많이 함유하여 저장성이 낮지만 과당, 포도당 등의 당과 당알코올류, 유기산 등이 풍부하고, 저급지방산의 에스테르류를 많이 함유하고 있어 향미가 좋다. 잘 익은 과일은 각종 색소를 함유하고 있어 기호성이 높으며, 비타민 C 등 비타민류와 무기질이 많다.

과일은 가공방식에 따라 적합하고 좋은 원료를 사용해야 한다. 가공에 사용할 원료의 성숙도는 제품의 색, 향, 품질 등에 미치는 영향이 크므로 수확 후 가급적 빨리 가공하도록 한다. 과일을 가공하기 전에 세척, 데치기, 제핵 및 박피, 침수 등의 과정을 거친다. 식품의 전처리 과정으로 데치기는 과일을 뜨거운 물에 담그는 것으로 그 목적은 효소불활성화로 인한 변색 및 변질을 방지하고, 원료의 조직을 부드럽게 하여 충진을 용이하게 하며, 살균가열 시 용량이 감소되는 것을 방지하고, 박피를 용이하게 한다. 과일의 박피방법은 다양하며 과일의 특성에 따라 선택한다.

표 5-1 　과일의 박피방법과 특성

박피방법	특성
칼로 벗기는 방법	칼을 사용하여 손으로 박피하는 방법으로 균일하지 않으므로 외관상 좋지 않고 원료의 손실이 많다. 사과, 키위, 밤 등에 사용한다.
열탕(증기)박피법	열탕이나 증기로 처리하여 박피하는 방법으로 육질이 부드러운 백도, 토마토 등에 사용한다.
산박피법	1~2%, 온도 80℃ 이상의 염산 또는 황산용액에 1분간 침지시켰다가 찬물에 담근 후 박피하며 주로 감귤류에 사용한다. 산용액에 처리한 후에는 중화처리 및 수세를 철저히 해야 한다.
알칼리박피법	1~2%, 95℃의 수산화나트륨 용액에 1~2분간 담갔다가 수세 후 박피하는 방법이다. 복숭아, 오렌지, 당근 등의 박피에 사용하며 알칼리용액 사용 후에는 중화처리 및 수세를 철저히 해야 한다.
기계박피법	박피기로 껍질을 벗기는 방법이다.

(2) 당과와 건과

과일은 그대로 섭취하는 것이 좋으나 여러 가지 가공품을 만들면 독특하고 다양한 맛을 즐길 수 있다. 가공품에는 당과, 건과, 잼, 젤리, 과일음료 등이 있다.

당과는 과일을 당액으로 절여 그대로 건조한 것, 가루설탕을 뿌린 것, 진한 당액으로 피복하여 건조한 것이 있다. 원료로는 사과, 복숭아, 살구, 귤 등을 사용한다.

건과는 과일을 건조하여 수분을 20% 이하로 저하시킨 상태로 성분이 농축되어 단맛과 저장성이 향상된 제품으로 독특한 맛과 향이 있다. 건조과정에 의해 부피축소, 갈변방지, 저장성 향상, 색택 보유, 운반 간편 등의 효과를 볼 수 있다. 건과용 과일은 아황산가스 처리를 하는데 이로 인해 산화, 갈변 및 미생물 번식을 억제하고, 건조시간을 단축시킨다. 원료의 0.3~0.4%의 황(과일 100kg에 대하여 황 300~400g 사용)을 태우면서 밀폐하여 약 1시간 방치 후 건조시킨다. 포도같이 껍질이 있는 경우는 시간이 걸리므로 0.5~1.0%의 NaOH 용액에 5~15초간 침지한 후 세척하여 건조시킨다. 건과에는 건포도, 곶감, 건조살구, 황률 등이 있다.

감의 경우 떫은맛이 있을 경우 가공적성이 저하되므로 탈삽(감우리기)을 통해 떫은맛을 제거해야 한다. 이 맛은 세포내 수용성 타닌의 맛으로 탈삽은 수용성 타닌 성분을 불용성으로 만들어 떫은맛을 느낄 수 없도록 하는 과정인데 불용성 타닌은 산소 공급의 제한으로 생성되는 아세트알데히드와 타닌의 축합으로 생성된다. 탈삽방법에는 온탕법, 알코올법, 탄산가스법 등이 있다.

표 5-2 탈삽법	
종류	**방법**
온탕법	떫은 감을 35~40℃의 더운물에 15~24시간 담가 효소활동을 활발하게 하여 탈삽시키는 방법으로 탈삽과정 중에 연화되어 외관이 나쁘기 때문에 주로 가정에서 사용한다.
알코올법	드럼통에 짚을 깔고 떫은 감을 넣은 후 소주나 알코올을 뿌리고 짚으로 덮은 후 밀봉하여 7~10일간 방치한다. 효소에 의해 알코올이 아세트알데히드로 산화되면서 가용성 타닌과 결합하여 불용성 타닌이 된다. 풍미가 우수하지만 과육이 연화되고 저장성이 떨어진다.
탄산가스법	이산화탄소로 호흡을 중지시켜 에탄올을 생성시켜 탈삽하는 방법이다. 과일의 손상이 없고 조직이 연화되지 않아 저장시간이 길며, 탈삽기간이 짧고 다량 처리가 가능하다.

(3) 잼과 젤리

젤리화의 원리는 복합다당류로 세포막 또는 세포막 사이에 존재하여 세포사이를 결착시켜 주는 펙틴이 적당한 농도의 당과 산이 존재할 때 망상구조를 형성하여 겔을 형성하는 것이다.

젤리의 3요소는 펙틴, 산, 당이다. 펙틴은 주로 카르복시기가 메틸에스터화($-COOCH_3$, 메톡실기)되어 있거나 유리상태로 있는 갈락투론산 중합체이다. 메톡실기가 7% 이상일 경우 고메톡실펙틴, 7% 이하이면 저메톡실펙틴이라 한다. 고메톡실펙틴일 경우 적당한 산과 당이 존재하면 겔을 형성하며, 저메톡실펙틴은 칼슘이온과 같은 다가의 양이온을 가해주면 겔을 형성할 수 있다. 펙틴은 1.0~1.5%, 산은 젖산으로 0.3%로 맛을 고려할 때 pH 3.2~3.5 정도가 적당하며, 당의 농도는 60~65%가 적당한데 당농도가 너무 높을 경우 젤리는 형성되나 당이 석출되기 쉽고, 당농도가 너무 낮으면 젤리의 품질이 떨어지고 저장성도 낮아진다. 설탕의 일부(20%)를 포도당으로 대치하면 당의 결정화가 방지되고 제품의 향이 좋아지며 제품의 색을 좋게 유지하는 데 효과가 있다. 젤리는 과일입자가 함유되지 않아야 하고, 투명하고 광택이 있으며 과일 풍미가 있고 탄력적이어야 하며 원형을 유지하는 정도의 굳기를 가진 것이 좋다. 잼은 과육과 함께 겔화시킨 것으로 딸기잼, 복숭아잼, 사과잼 등이 있다.

젤리를 만들 때 과일즙의 펙틴함량을 측정하는 방법으로 알코올검사법이 있는데, 과즙과 알코올을 동량 넣어 잘 혼합해 주면 알코올에 의해 펙틴이 응고되어 침전되는 성질을 이용한 것으로 결과에 따라 설탕 첨가량을 결정할 수 있다.

표 5-3 과즙의 펙틴함량과 그에 따른 설탕 첨가량

알코올검사법의 결과	펙틴함량	설탕 첨가량
과즙이 모두 젤리상으로 응고하거나 큰 덩어리가 생길 때	많다	과즙의 1/2~1/3
몇 개의 젤리상의 덩어리가 생길 때	적당하다	과즙과 동량
작은 덩어리가 많이 생기거나 전혀 생기지 않을 때	적다	농축하거나 펙틴이 많은 과즙을 넣는다.

잼과 젤리류를 제조할 때 완성점(jelly point)은 다음과 같은 방법으로 확인한다.

① **컵법:** 컵에 물을 넣고 잼을 스푼으로 떠서 물 위로 떨어뜨린다. 잼이 컵 바닥까지 굳은 그대로 가라앉으면 완성된 것이며, 가라앉는 도중에 풀어질 경우에는 다시 농축

한다.

② **스푼법:** 잼을 스푼으로 떠서 기울이면 잼이 부착되어 떨어지면서 주걱에 약간 남아 있으면 농축이 완성된 것이며, 묽은 시럽상태가 되어 줄줄 떨어지면 농축이 불충분한 것이다.

③ **온도계법:** 끓고 있는 잼의 온도가 104~106℃에 이르면 적당하다. 설탕액 65% 정도의 비등점이 이 온도에 해당된다.

표 5-4	설탕 양(%)과 비등점의 변화				
설탕 양(%)	비등점(℃)	설탕 양(%)	비등점(℃)	설탕 양(%)	비등점(℃)
10	100.4	40	101.5	70	106.5
20	100.6	50	102.0	80	112.0
30	101.0	60	103.0	90.8	130.0

④ **당도계법:** 굴절당도계가 60~70 사이의 눈금을 나타내면 된다. 이것은 빛의 굴절률을 이용한 것으로 뜨거울 때 측정하면 상온에서 측정한 것보다 2~3% 낮은 값을 나타내므로 이 점을 고려하여야 한다.

컵법, 스푼법은 경험을 필요로 하지만 공장에서는 ①~④법을 병용해서 실시하고 있다. 잼의 종류에 따라 차이가 있지만 대략 과실 1kg에 설탕 800g을 가하면 완성된 잼의 중량은 1.3kg 전후(농축률=1,300×100/1,800=72.2%)가 된다.

(4) 과일음료

과일음료는 과일을 압착하여 착즙한 것으로 제조상태에 따라 과일에서 착즙한 농도를 갖는 천연과일주스, 천연과즙주스를 농축한 농축과일주스, 과일주스에 당이나 향료 등을 첨가한 과일음료, 농축과일주스를 건조하여 수분함량 1~3%의 분말로 만든 분말과일주스로 분류된다.

천연과일 주스의 일반공정은 원료, 선별, 세척, 박피, 제핵 및 파쇄, 착즙, 여과 및 청징, 담기, 탈기, 밀봉, 살균, 냉각, 제품의 순이다. 여과 및 청징 공정은 맑은 주스의 생산을 위해 행하는 것으로, 혼탁한 과즙의 원인은 펙틴질, 단백질, 미세 과육 등이 교질상태로 존재하기 때문이며 따라서 단순 여과보다는 과즙을 70~80℃로 가열하여 단백질을 응고시킨 다음 여과기로 여과해야 한다. 그래도 청징 효과가 적을 때는 카세인, 젤라틴, 타닌, 규조토 및 활성탄과 같은 침전보조제나 펙틴분해효소(pectinase)를 사용한다. 탈기 공정을 통해 비타민 C의 산화를 방지하고 지방성분의 산패를 방지하며, 색을 유지하고 호기성균의 증식을 억제할 수 있다.

표 5-5 과일주스의 청징방법

종류	방법
난백	건조난백을 과즙 10L당 100~200g 첨가하여 교반, 가온 후 냉각, 침전, 여과한다.
카세인	카세인을 4~5배 암모니아액에 녹여 가열하여 암모니아를 발산시킨 후 2배 희석하여 사용한다.
젤라틴 및 타닌	과즙 100L당 100g 타닌 첨가 후 120~130g의 2% 젤라틴 용액을 넣어 교반, 방치, 침전 후 분리한다.
흡착제	규조토, 산성백토, 활성탄 등을 사용하여 분리한다.
펙틴분해효소	펙틴분해효소를 0.05% 정도 첨가하여 pH 4, 온도 40℃로 조정하여 분해시킨다. 효소 처리 후에는 주스를 가열처리하여 효소를 파괴해야 저장 중 침전물이 생기지 않는다.

포도주스의 제조공정은 파쇄, 가열착즙, 주석제거, 밀봉, 살균 및 냉각 순으로 진행된다. 다른 과일주스와는 달리 주석을 제거하는 공정이 있는데, 주석이 저장 중 석출, 침전되어 맛을 저하시키며 상품의 가치를 떨어뜨리고, 주스의 산도를 저하시키며, 색소를 침착시키는 등의 문제를 발생하므로 자연침전법, 이산화탄소법, 동결법, 농축여과법 등에 의해 착즙액에서 주석을 제거해야 한다.

농축 과실주스는 천연과일주스를 50% 이상 농축시킨 것으로 수송, 저장 등 취급이 간편해지고 저장성이 향상된다. 농축방법으로는 진공농축법, 동결농축법, 자연순환식 농축법 등이 있다. 진공농축법은 진공도 740mmHg, 온도 30~40℃로 진공농축기에서 분무, 농축하며 농축과정에서 향성분을 회수하여 농축이 완료된 후 다시 주스에 첨가하므로 신선한 풍미를 유지할 수 있다.

동결농축법은 주스 중의 수분을 얼음으로 동결시켜 분리하는 방법으로 진공농축법에 비해 향성분의 손실이 적고 가열로 발생하는 영양성분 손실도 방지할 수 있다. 자연순환식 증발기를 이용한 농축법은 색, 향, 맛, 비타민 등 손실이나 변질을 최소화할 수 있어 오렌지 주스 농축에 사용하고 있다.

(5) 마멀레이드, 프리저브 및 과편

마멀레이드는 주로 오렌지를 사용하며 과피를 포함하므로 색이 좋고 선도가 높으며 상처가 없는 원료를 사용해야 한다. 오렌지의 껍질을 벗긴 후 껍질 일부를 1mm의 폭으로 자르고, 과육을 압착하여 과즙을 짜낸다. 남은 겉껍질과 과즙을 짜낸 과육찌기를 염산용액(0.3~0.5%)에 담가 펙틴질을 가용성으로 하고 이를 세척, 가열, 압착하여 펙틴추출액을 만든다. 과즙과 펙틴추출액을 가열하면서 적당량의 과피(과즙과 펙틴추출액 혼합 용액의 30~40%)를 넣고 끓이다가 설탕을 나누어 넣고 농축하여 완성한다.

프리저브(preserve)는 과육을 시럽에 넣고 조리하여 연하고 투명하게 만든 것이다. 과육을 물이나 묽은 시럽에서 먼저 조리하여 연하게 한 후에 진한 시럽에 넣어야 과일 세포가 시럽을 서서히 흡수하여 팽창하면서 투명해진다. 처음부터 진한 시럽에 넣으면 삼투압에 의하여 과육 중의 수분이 빠져나가 쭈그러지고 단단하며 질겨진다. 단시간 내에 끓이는 것이 서서히 오래 끓이는 것보다 색과 맛이 좋다.

과편은 과일을 삶아 걸러낸 즙에 한천, 설탕이나 꿀, 소금을 넣어 조려서 엉기게 한 다음 예쁜 모양으로 썰고 그 위에 채 썬 밤 등으로 장식한다. 서양의 젤리와 비슷한 것으로 오미자편, 살구편, 복부자편, 포도과편, 귤과편, 앵두과편 등이 있으며 계절성 과일로 다양한 색, 맛, 향을 가진 과편을 만들 수 있다.

다른 가공품으로 매실청, 유자청 등 과청류가 제조되고 있다.

(6) 과일통조림과 병조림

과일통조림은 원료의 형태를 가능한 그대로 유지해야 하며, 육질 손상이나 향미 변화를 방지하기 위해 시럽을 넣는다. 따라서 통조림이나 병조림은 크기나 내용물의 종류에 따라 내용 총량, 개관 시 고형량, 시럽농도 등이 규정되어 있으므로 이 규정에 적합하도록 고형량과 시럽농도를 계산하여 첨가해야 한다. 과일통조림은 주로 황도, 감귤, 파인애플 등을 사용하여 만들며, 일반 공정은 원료, 데치기, 제핵 및 박피, 절단, 담기, 주입액 넣기, 탈기, 밀봉, 살균, 냉각, 제품의 순이다. 데치기 공정을 통해 박피를 용이하게 하고 산화효소를 불활성화하여 색을 유지하며, 조직 내의 산소 제거로 산화에 의한 변질을 방지하고, 통조림 후 용액의 혼탁 방지가 가능해진다.

과일통조림 제조 시 시럽농도의 계산법은 다음과 같다.

$$W_2 = W_3 - W_1$$

$$Y = \frac{W_3Z - W_1X}{W_2}$$

W_1: 담는 과일 중량(g) W_2: 주입 시럽의 중량(g)

W_3: 통 속의 당액, 과일 내용총량(g)   X : 담기 전 과육의 당도(%)

Y : 주입할 시럽 당도(%)   Z : 제품규격 당도(%)

Q) 복숭아통조림을 만들 때 복숭아 당도 10%, 복숭아 중량 250g, 내용총량 400g, 제품규격 당도 20%
일 때 주입할 시럽의 당도와 중량은?

A) 주입할 시럽중량은 400 − 250 = 150, 주입할 시럽당도는 (400×20)−(250×10)/150 = 36.6
즉 36.6% 농도의 당용액을 150g 주입하면 된다.

감귤류 통조림의 제조 시 백탁이 발생하는 경우가 있는데, 이 백탁의 원인은 헤스페리딘 (hesperidin)에 의한 것으로 방지법은 다음과 같다.

표 5-6 감귤통조림의 헤스페리딘에 의한 백탁방지법

물로 원료를 깨끗이 씻는다.
헤스페리딘 함량이 적은 품종이나 완숙 원료를 사용한다.
효소(헤스페리디네이스)로 처리한다.
농도가 높은 당액을 사용한다.
내용물의 모양, 비타민 C 등이 손상되지 않을 정도로 장시간 가열한다.
CMC(carboxyl methyl cellulose), 젤라틴의 첨가로 투명도를 높이거나 MC(methyl cellulose) 첨가로 결정화를 방지한다.

2. 과일류 가공제품 제조방법

잼류

(1) 딸기잼

1) 재료 및 기구

- 재료: 딸기 1kg, 설탕 500~600g
- 기구: 냄비, 온도계(200℃), 병, 굴절당도계(또는 온도계, 스푼)

2) 제조방법

선별 ▶ 세척 ▶ 약불 가열 ▶ 가당 및 가열 ▶ 완성점 확인 ▶ 밀봉 및 냉각

① 선별: 형태가 일정하고 과육이 단단하며 향, 산, 감미, 펙틴함량이 높은 것이 좋다.

② 세척: 부패된 것을 골라내고 바구니에 담아 흐르는 물에 담근 후 잘 흔들어 씻는다. 물기를 제거한 후 꼭지를 딴다.

③ 약불 가열: 딸기(크기가 작은 것은 그대로, 큰 것은 2~4등분)를 냄비에 넣고 약한 불로 가열하면 딸기에서 물이 나온다.

④ 가당 및 가열: 위에 분량의 설탕 1/3을 넣고 강하게 가열하다가 설탕이 완전히 녹으면 다시 1/3을 더 가하고 가열한다. 잠시 후 남은 설탕을 넣어 약 15~20분간 가열한다. 색과 향을 좋게 하려면 가열을 단시간에 끝내도록 한다.

⑤ 완성점 확인: 굴절당도계법, 온도계법, 스푼법, 컵법 등으로 완성점을 확인한다.

⑥ 밀봉 및 냉각: 80~90℃로 냉각시킨 후 기포를 떠내고 살균한 병에 넣어 밀봉하고 즉시 냉각한다. 원료 딸기에서 120~130%의 제품을 얻는다.

(2) 사과잼

1) 재료 및 기구

- 재료: 사과 1kg, 설탕(사과 펄프의 60~70%), 2% 소금물
- 기구: 두터운 냄비, 제심기, 강판, 병, 온도계(또는 굴절당도계, 스푼)

2) 제조방법

① 박피 및 제핵: 사과를 깨끗이 씻어서 껍질을 벗긴 후 4~8등분하여 심을 제거한다.

② 썰기: 두께 0.5cm 정도로 얇게 썬다. 얄팍하게 썰수록 펙틴추출이 잘 된다. 껍질 채로 강판에 갈아서 펄프로 만들기도 한다.

③ 소금물 침지: 산화에 의한 착색을 방지하기 위해 2% 소금물에 담근 후 건져 물을 뺀다.

④ 가열: 두터운 냄비에 위의 사과와 잠길 만큼의 물을 넣고 형태가 뭉그러질 때까지 저어가며 30분간 끓인다.

⑤ 가당 및 농축: 펄프의 70%의 설탕을 2~3회에 나누어 넣으면서 졸인다.

⑥ 살균 및 냉각: 완성점(온도계법 104℃)이 되면 병에 넣어 밀봉하고 100℃에서 5~6분간 살균하고 냉각시킨다.

(3) 귤 마멀레이드

1) 재료 및 기구

- 재료: 여름 귤 1kg, 설탕(과즙, 펙틴즙, 과피 절편 중량의 70%)
- 기구: 압착기, 냄비, 면포, 병, 굴절당도계(또는 온도계, 스푼)

2) 제조방법

① 세척 및 분리: 일반적으로 여름 귤을 사용하는데 몸체가 충실하며 과피가 깨끗한 것
   이 좋다. 귤을 깨끗이 씻어 위아래를 잘라내고, 과피를 세로로 6~8등분하여 손으로
   껍질을 벗겨 과피와 과육을 분리한다.
② 착즙: 압착기로 과즙을 추출한다.
③ 과피 자르기 및 가열: 과피는 폭 3cm 정도로 하여 1mm 두께로 잘라서 같은 양의 물
   을 가하고 30분 정도 끓여서 물로 씻고 물기를 뺀다. 가열 중 3~4회 물을 갈아준다.
④ 펙틴즙: 착즙 잔여물 및 과피의 절단 잔여물에는 같은 양의 물을 넣고 연해질 때까지
   끓여서 면포로 즙을 짜고, 다시 같은 양의 물을 넣고 끓여 즙을 짜서 앞의 즙과 혼합
   한다.
⑤ 배합 및 가당: 처리한 과피, 과즙, 펙틴즙을 혼합한 후 설탕을 가한다.
⑥ 농축: 1/2 정도로 농축되게 가열한다. 주걱으로 잘 저어 눌어붙지 않게 하면서 센 불
   로 신속하게 농축한다.
⑦ 밀봉: 완성점을 확인한 후 병에 넣어 밀봉한다.
⑧ 살균 및 냉각: 100℃에서 5~6분간 살균하고 냉각시킨다.

 젤리류

(1) 사과젤리

1) 재료 및 기구

- 재료: 사과 1kg, 설탕(과즙의 60~70%), 구연산 1g, 2% 소금물
- 기구: 냄비, 제심기, 온도계, 면포 또는 압착기, 굴절당도계(또는 온도계, 스푼)

2) 제조방법

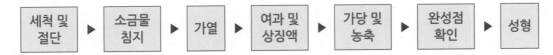

① 세척 및 절단: 펙틴, 산, 당 함량이 적당한 품종의 사과를 사용한다. 사과를 깨끗이 씻은 후 제심기로 심을 제거하고 세로로 8등분한다.

② 소금물 침지: 5mm 두께로 잘라 소금물에 침지하여 갈변을 방지하고 가열 전 건져내어 물을 뺀다.

③ 가열: 사과의 1~1.5배 물을 가하여 70~80℃ 정도에서 20~30분간 끓인다.

④ 여과 및 상징액: 끓인 사과를 면포나 압착기를 이용하여 즙액을 짠 후 정치하여 상징액을 얻는다.

⑤ 가당 및 농축: 상징액에 준비한 설탕을 2~3회로 나누어 가하면서 강한 불로 끓인다. 가열 중 돌비현상이 있을 수 있으므로 주의한다.

⑥ 완성점 확인: 굴절당도계, 온도계, 스푼법, 컵법 등으로 완성점을 확인한다.

⑦ 성형: 젤리틀에 위의 용액을 넣고 냉각시킨다.

(2) 포도젤리

1) 재료 및 기구

- 재료: 포도 1kg, 설탕(과즙의 60~70%)
- 기구: 압착기, 냄비, 병, 굴절당도계(또는 온도계, 스푼)

2) 제조방법

① 세척: 포도는 알알이 따서 씻는다(적색종을 주로 사용한다).

② 가열 및 착즙: 냄비에 포도 양의 1/4 정도의 물을 붓고 20분 끓인 후 압착기를 사용하여 과즙을 얻는다.

③ 정치 및 주석침전: 찬 곳에 정치하여 상징액만 취하고 병조림하여 살균한 후 몇 개월 방치하면 주석이 침전된다.

④ 여과: 침전물을 여과하여 포도즙을 얻는다.

⑤ 가당 및 농축: 포도즙에 준비한 설탕을 2~3회로 나누어 가하고 저어주면서 강한 불로 끓인다. 가열 중 돌비현상이 있을 수 있으므로 주의한다.

⑥ 완성점 확인: 굴절당도계, 온도계, 스푼법, 컵법 등으로 완성점을 확인한다.

⑦ 성형: 젤리틀에 위의 농축된 용액을 넣고 냉각시킨다.

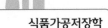
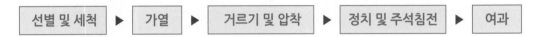 주스류

(1) 포도즙

1) 재료 및 기구

- 재료: 포도 2kg, 물 200g
- 기구: 냄비, 체, 압착기, 병

2) 제조방법

| 선별 및 세척 | ▶ | 가열 | ▶ | 거르기 및 압착 | ▶ | 정치 및 주석침전 | ▶ | 여과 |

① 선별 및 세척: 포도는 덜 익은 것, 과숙한 것, 부패한 것을 제외하고 알알이 떼어 내어 흐르는 수돗물에 깨끗이 씻어 체에 건져 놓는다.

② 가열: 냄비에 포도와 분량의 물을 붓고 가열한다. 사용되는 그릇은 스테인리스 스틸제, 법랑제를 사용한다. 철제냄비는 산으로 부식되거나, 색깔이 변하므로 좋지 않다. 또한 법랑 표면에 상처가 생긴 것은 피한다.

③ 거르기 및 압착: 껍질색이 엷어지면서 쭈그러들면 압착기로 걸러 껍질과 씨를 제거한 포도즙을 받아낸다. 압착기가 없는 경우에는 고운체에 내린 과즙을 다시 면포로 거른다.

④ 정치 및 주석침전: 찬 곳에 정치하여 상징액만 취하고 살균한 병에 넣어 밀봉한다. 병조림하여 살균한 뒤 몇 개월 방치하면 주석이 침전된다.

⑤ 여과: 침전된 주석을 여과하여 포도즙을 분리한다.

(2) 밀감주스

1) 재료 및 기구

- 재료: 밀감 2kg, 설탕
- 기구: 냄비, 볼, 착즙기, 체, 온도계, 당도계

2) 제조방법

선별 ▶ 세척 및 박피 ▶ 착즙 ▶ 가당 ▶ 가열 및 밀봉 ▶ 살균 및 냉각

① 선별: 성숙되고 병충해를 입지 않은 온주밀감을 사용한다.

② 세척 및 박피: 깨끗이 씻어 농약이나 불순물을 제거한 후 80℃의 물에 1~2분 담갔다가 껍질을 벗긴다.

③ 착즙: 2~3조각으로 분리하여 쪼갠 후 착즙기로 과즙을 추출한다.

④ 가당: 당도가 부족하면 설탕을 가하여 당도가 13~14% 되도록 한다.

⑤ 가열 및 밀봉: 과즙을 80℃로 가열하여 병에 넣고 밀봉한다.

⑥ 살균 및 냉각: 80~82℃에서 20분 정도 또는 82~88℃에서 6~10초 살균한 후 냉각한다.

원료 10kg에서 3~4L의 주스를 얻을 수 있다.

(3) 사과주스

1) 재료 및 기구

- 재료: 사과(국광 또는 홍옥) 2kg, 펙틴분해효소, 0.5~1% 염산용액
- 기구: 냄비, 볼, 원액기 또는 파쇄기, 압착기, 체, 온도계, 병

2) 제조방법

① 선별: 향이 좋고, 산과 단맛이 적당한 국광이나 홍옥을 고른다.
② 세척: 깨끗이 씻어 농약이나 불순물을 제거한다. 비산염 등이 부착되어 있는 경우 0.5~1% 염산용액에 5분간 담갔다가 깨끗이 씻는다.
③ 착즙: 소량일 경우는 원액기로, 대량일 경우 파쇄기로 파쇄한 후 압착기로 착즙한다. 이때 약 55%의 과즙을 얻는다.
④ 가열 및 청징: 착즙한 과즙을 80℃로 가열하여 후 냉각시켜 45℃ 이하가 되면 0.05~0.1%의 펙틴분해효소를 넣고 잘 교반하여 10시간 정도 방치하여 청징한다.
⑤ 여과: 여과하여 사과즙액을 얻는다.
⑥ 탈기 및 살균: 탈기한 후 87℃에서 30초 또는 95~98℃에서 10초간 살균한다.
⑦ 밀봉 및 냉각: 살균한 후 40℃ 이하로 냉각시켜 밀봉하여 천천히 냉각한다.

원료 10kg에서 6~7L의 주스를 얻을 수 있다.

건과류

(1) 건조사과

1) 재료 및 기구

- 재료: 사과(홍옥) 1kg, 2% 소금물
- 기구: 중성세제, 제심기, 훈증함, 건조기

2) 제조방법

세척 ▶ 박피 및 제심 ▶ 절단 ▶ 소금물 침지 ▶ 황훈증 ▶ 건조

① 세척: 사과를 중성세제로 씻어낸 후 물로 여러 번 깨끗이 씻는다.

② 박피 및 제심: 사과의 껍질을 벗기고 심을 제거한다.

③ 절단: 1cm 정도 솔방울 모양으로 자르거나 세로로 2~4등분한 후 두께 1cm 정도로 자른다.

④ 소금물 침지: 변색 방지를 위해 소금물에 담갔다가 물기를 제거한다.

⑤ 황훈증: 훈증함에 넣고 황을 태워 훈증을 한다.

⑥ 건조: 건조기의 조건을 습도 20~30%, 온도 70℃ 이하로 하여 6~10시간 건조시킨다.

(2) 건포도

1) 재료 및 기구

- 재료: 씨 없는 포도(당도 24~28 Brix) 2kg, 0.6% 수산화나트륨 용액
- 기구: 체, 온도계, 건조기

2) 제조방법

세척 ▶ 알칼리용액 처리 ▶ 세척 ▶ 건조

① 세척: 포도는 덜 익은 것, 과숙한 것, 부패한 것을 제외하고 알알이 떼어내어 물로 잘 씻은 후 물기를 제거한다.

② 알칼리용액 처리: 93℃의 0.6% 수산화나트륨 용액으로 5초간 처리하여 표면의 왁스분을 용해한다.

③ 세척: 물로 여러 번 씻어 수산화나트륨 용액을 제거한다.

④ 건조: 온도를 조금씩 높여서 75℃까지 올렸다가 최종온도 65℃에서 15~20시간 건조한다. 완성된 제품의 수분은 15% 정도가 좋다.

과청류

(1) 매실청

1) 재료 및 기구

- 재료: 매실 500g, 백(황)설탕 300~400g, 물엿 70g
- 기구: 볼, 체, 베보자기, 병

2) 제조방법

세척 ▶ 담기 ▶ 가당 및 밀봉 ▶ 발효 및 거르기

① 세척: 매실을 깨끗이 씻어 물기를 제거한다.
② 담기: 매실과 백(황)설탕 1/2을 섞어 병에 담는다.
③ 가당 및 밀봉: 그 위에 물엿을 넣고 나머지 설탕을 두껍게 덮어 잘 봉해 둔다. 가끔 위 아래를 섞어 준다.
④ 발효 및 거르기: 서늘한 곳에 100일쯤 두었다가 걸러낸 매실청을 병에 담아 잘 보관한다.

(2) 유자청

1) 재료 및 기구

- 재료: 유자 500g, 설탕(꿀) 500g
- 기구: 볼, 체, 병

2) 제조방법

① 세척: 유자는 깨끗이 씻어 물기를 제거한다.

② 절단 및 분리: 유자를 4등분하여 껍질과 속을 따로 분리하여 그릇에 담는다.

③ 채썰기: 껍질은 가늘게 채 썬다.

④ 가당 및 발효: 속은 알갱이를 하나씩 떼어 흰 실처럼 붙은 것을 떼어내어 씨를 발라내어 굵게 채 썬다. 껍질과 속을 설탕이나 꿀에 버무려 병에 담아 1개월 정도 둔다. 가끔 위아래를 섞어 준다.

(3) 모과청

1) 재료 및 기구

- 재료: 모과 500g(순 중량), 설탕(꿀) 500g
- 기구: 볼, 체, 병

2) 제조방법

세척 ▶ 박피 및 썰기 ▶ 가당 및 발효

① 세척: 모과는 깨끗이 씻어 물기를 제거한다.

② 박피 및 썰기: 모과를 4등분하여 씨를 도려내고 껍질을 벗겨낸 후 납작하게 저며 썬다.

③ 가당 및 발효: 동량의 설탕(꿀)으로 버무려 병에 담아 1개월 정도 둔다. 가끔 위아래를 섞어 준다.

병조림, 통조림류

(1) 파인애플 병조림

1) 재료 및 기구

- 재료: 파인애플 1개, 설탕용액(당액 35~40%), 레몬즙 15g
- 기구: 냄비, 당도계, 병, 계량스푼

2) 제조방법

박피 및 제심 ▶ 자르기 ▶ 담기 ▶ 담액 넣기 ▶ 레몬즙 첨가 ▶ 탈기 및 살균 ▶ 냉각

① 박피 및 제심: 파인애플은 껍질을 발라낸 후 세로로 4등분하고 가운데 심을 잘라낸다.
② 자르기: 2cm 두께로 자른다.
③ 담기 및 당액 넣기: 위의 파인애플을 5~10초 정도 끓는 물에 데친 후 건져내어 병에 담고 제품의 당 농도가 20% 이상 되게 당액을 가한다. 레몬즙을 첨가하면 신선한 맛이 증가되어 좋다.
④ 레몬즙 첨가: 레몬즙을 첨가하여 다시 한소끔 끓인 후 병에 넣는다.
⑤ 탈기 및 살균: 탈기 및 살균한다.
⑥ 냉각: 살균 후 빨리 냉각한다.

(2) 복숭아 병조림(통조림)

1) 재료 및 기구

- 재료: 복숭아 1kg, 설탕용액(당액 35~40%), 2% 소금물, 2% 수산화나트륨 용액
- 기구: 냄비, 제핵기, 당도계, 볼, 병(또는 통조림 301-7호관), 비커

2) 제조방법

① 선별 및 세척: 복숭아는 잘 익은 것으로 골라 깨끗이 씻는다.

② 쪼개기: 선을 따라 두 쪽으로 가른다.

③ 제핵: 씨를 빼고 2% 소금물에 담가 변색을 방지한다.

④ 박피: 끓는 물에 1분 정도 담갔다가 꺼내어 찬물을 뿌리면서 껍질을 벗긴다. 이때 잘 벗겨지지 않으면 끓는 2% 수산화나트륨 용액에 1분 담갔다가 꺼내어 물속에서 헝겊으로 문질러 벗긴다.

⑤ 정형: 1/2쪽의 복숭아를 세로로 3~4등분하여 형태를 만든다.

⑥ 담기: 규정량 250g보다 10% 더 담는다.

⑦ 당액 넣기: 복숭아가 담긴 병에 당액의 당도를 35~40%로 계산하여 가한다.

⑧ 탈기 및 밀봉: 90~95℃에서 6~8분 가열, 탈기한 후 밀봉한다.

⑨ 살균 및 냉각: 95~100℃에서 20~30분 살균하여 냉각한다.

* 통조림 할 때

①~⑦: 위와 동일

⑧ 탈기 및 권체: 90℃에서 약 5분간 탈기한 후 권체한다.

⑨ 살균 및 냉각: 100℃에서 20~30분 정도 살균하여 냉각한다.

(3) 밀감 통조림

1) 재료 및 기구

- 재료: 밀감 1kg, 설탕, 0.5~1% 염산 용액 1L, 0.5~1% 수산화나트륨 용액 1L
- 기구: 냄비, 볼, 통조림관(301-7호관), 당도계, 권체기

2) 제조방법

① 선별: 완숙한 것으로 풍미가 좋고 신선한 것으로 선별한다. 모양은 납작한 것으로 약 100g 정도의 크기가 좋다.

② 박피: 끓는 물에 10초 데치거나 80~90℃ 물에 1~2분 담그는데 과육부까지 열이 침투되지 않도록 주의한다. 양손으로 밀감을 두 쪽으로 쪼개어 나눈 후 한 쪽씩 떼어 물속에 넣는다.

③ 내피 제거: 30℃ 정도의 염산용액에 1시간 정도 담가두어 내피가 녹은 것처럼 되면 꺼내어 물로 씻는다.

④ 알칼리 처리: 위의 것을 수산화나트륨 용액에 15~30초 담가 처리한 후 바로 끓는 물에 씻어내어 속껍질을 완전히 제거한다.

⑤ 침수: 제품혼탁의 원인이 되는 헤스페리딘과 펙틴을 제거하기 위해 물에 6~16시간 담가둔다.

⑥ 선별 및 당액 넣기: 파손되지 않은 것으로 골라 관에 고형량으로 280g 담은 후 관을 뒤집어 물을 뺀 다음 당도가 17% 이상 되도록 계산한 당용액을 넣어 총량이 455g 이상 되도록 담는다. 제품이 되는 과정 중에 관내용물의 부피가 줄게 되므로 고형물의 20~30% 정도 더 많이 담는다.

⑦ 탈기 및 밀봉: 90℃에서 6분 정도 탈기한 후 권체한다.

⑧ 살균 및 냉각: 90℃에서 10분 살균한 후 냉수에 넣어 냉각한다.

채소 가공

1. 채소류 가공특성

(1) 채소 가공의 특성

채소는 수분이 많고, 다양한 무기질과 비타민의 공급원이다. 또한 식이섬유가 풍부하고, 클로로필, 안토시아닌, 플라보노이드 등의 천연색소와 다양한 향 성분을 함유하고 있다. 수분이 많은 채소는 쉽게 부패하므로 다양한 방법으로 가공하면 저장성을 높일 수 있다. 가공 중 비타민의 손실을 막기 위해 데치기 작업으로 효소를 불활성화시킨 후 건조하면 손실을 최소화할 수 있다. 상업적으로 제조하는 건조채소는 건조 전에 갈변 및 산화방지의 목적으로 아황산처리를 한다. 신선한 채소를 이용하여 채소통조림을 만들면 장기간 저장하면서 항상 이용할 수 있는 이점이 있다.

(2) 침채류

침채류는 채소에 소금, 조미료, 식초, 장류 등을 가한 일종의 염장식품으로 저장 중 젖산균에 의해 생성된 독특한 풍미를 즐길 수 있으며, 종류에는 김치, 단무지, 피클 등이 있다. 김치의 주재료는 배추, 무, 총각무 등이며 여기에 부재료로 고추, 마늘, 파, 생강, 부추, 양파, 젓갈, 소금 등을 첨가하면 맛이 어우러지면서 독특한 맛과 향을 부여하고 영양을 증진시킬 수 있다. 배추김치에 사용하는 배추는 녹색 잎이 많고 껍질이 얇으며 결구가 단단하고 무거워야 좋다.

김치의 제조 원리는 침투작용, 효소작용 및 발효작용에 의한 것으로 소금이 침투하고, 효소에 의한 풍미 생성 및 미생물의 번식으로 인한 발효과정을 통해 독특한 맛과 향을 갖게 된다. 김치의 발효에서 중요한 것은 젖산의 생성으로, 젖산은 방부작용, 염분 완화작용 등의 기능을 한다. 또한 발효 중 생성되는 주생성물인 유기산과 탄산가스는 김치의 맛을 좌우하는 대표적인 성분으로, 특히 염도와 온도가 영향을 미치므로 적절한 농도의 소금 첨가와 저장온도에도 유의하도록 한다. 우리나라 김치의 국제규격은 국제식품규격위원회(CODEX)에 제출하여 인정되었으며, 그 규격은 산도 1.0 이하, 고형물이 80% 이상, 소금 농도 1.5~4%, 중금속은 kg 당 10mg을 초과하지 않도록 규정하고 있다.

단무지는 주재료가 무이고, 그 외에 쌀겨, 소금, 감미료, 색소 등을 사용하여 제조한다. 무는 양 끝이 가늘고 길어 건조하기 쉬운 것을 사용하며, 미리 꾸덕꾸덕하게 건조시켜 사용하거나 무에 소금을 켜켜이 넣고 눌러 절여서 담는 방법도 있다. 건조 상태에 따라 단무지의 독특한 질감과 맛이 결정되는데 오래 저장시킬 경우 무의 건조기간을 조금 더 길게 한다. 감미료는 설탕을 주로 사용하나 사카린, 감초를 넣기도 하며, 색소는 치자를 사용하여 천연의 황색을 내도록 하면 인공색소를 사용하는 것보다 더 좋다. 단무지는 쌀겨 속의 전분이 효모에 의해 당화 및 발효되면서 젖산과 부티르산이 생성되고, 무의 황화합물은 단무지가 숙성되면서 독특한 방향성분을 생성한다. 가정에서는 알타리 무의 잎 부분을 제거한 후 소금, 치자, 향신채소 등을 부재료로 사용해서 단무지를 담그면 별미로 즐길 수 있다.

피클은 오이, 마늘, 양파, 배추 속잎, 무 등의 채소에 소금, 식초, 간장 및 향신료 등을 첨가해서 채소의 독특한 질감과 맛을 살린 식품으로, 소금 절임으로 발효시킨 발효피클과 발효시키지 않고 식초에 담근 비발효피클이 있다. 피클용 조미액은 채소와 향신료를 넣어 우려낸 액에 식초, 소금 또는 간장 등을 넣어 간을 하는데, 식초에 의해 조미액의 pH가 낮아져 미생물 증식이 억제되므로 저장성이 높아진다.

(3) 채소통조림

채소통조림은 신선한 재료를 사용하여 본래의 색과 풍미를 유지시켜야 한다. 채소통조림에는 주로 완두콩, 죽순, 양송이 등을 사용한다.

완두콩통조림은 색 고정을 위해 90~100℃로 가열한 1% 황산구리용액에 8~15분 열처리를 한 뒤 냉각시키고 물을 갈아 주면서 8~15시간 동안 침수시켜 구리염과 액즙의 혼탁 물질을 제거한다. 다음 2~3% 소금물로 충진하여 탈기, 살균, 냉각한다. 냉각속도가 늦거나 불충분하면 완두콩의 색과 조직감이 나빠진다.

죽순은 수확 후 변질속도가 빠르므로 반입 즉시 가공 처리하는 것이 좋다. 죽순통조림의 경우 제품의 즙액이 혼탁해지는 경우가 있는데 이는 수산과 티로신의 용출이 주원인으로 이를 제거하기 위해서 약 15시간 정도 물에 침수시킨다. 침수 후 크기, 모양에 따라 선별하여 관에 담은 후 더운 물을 붓고 탈기, 밀봉, 살균한다.

양송이통조림은 지름이 2~4cm 되는 것으로 채취한 후 30분에서 1시간 내에 처리하는 것이 가장 좋은데 이는 육질이 부드러워 상처가 나기 쉽고 산화되어 변색하기 쉽기 때문이다. 또한 채취 후 24시간 이상 경과할 경우 갈변방지를 위해 0.01%의 아황산염 용액에 처리해야 한다. 제조공정은 원료, 자루 절단, 선별, 세척, 열처리, 냉각, 선별, 슬라이스, 담기, 탈기, 밀봉, 살균, 냉각 순으로 진행한다. 양송이통조림의 주입액은 2~3% 식염수에 0.3% 정도의 비타민을 첨가해 준다.

표 6-1	양송이 통조림 제품의 스타일
버튼형	우산의 바로 밑을 절단한 것
홀형	우산 밑의 자루를 자루 직경의 1/2 길이를 남겨서 절단한 것
슬라이스한 버튼형	버튼형을 3.3mm 두께로 절단한 것(피스는 제외) *피스: 우산을 절단할 때 양송이 모양이 나오지 않는 가장자리 부분
슬라이스한 홀형	홀형을 3.3mm 두께로 절단한 것(피스는 제외)
피스 & 스템형	피스와 자루를 합친 것(피스 40% 이상 함유)

토마토는 비타민이 풍부하고 기능성 건강식품으로 알려져 있다. 토마토를 가공할 때 잘 익은 완숙토마토를 이용하는 것이 좋은데, 이는 덜 익은 부분의 엽록소가 열에 의해 갈색화되어 색감을 저하시키기 때문이며, 리코펜이 금속에 의해 갈변되므로 가공 중 금속과의 접촉에 주의해야 한다. 토마토가공품에는 토마토솔리드팩, 토마토퓌레, 토마토페이스트, 토마토케첩, 토마토주스 등이 있다.

토마토솔리드팩은 토마토의 껍질과 꼭지를 제거하고 소량의 소금과 함께 통조림하거나 토마토퓌레를 넣어 통조림으로 가공한 제품이다. 토마토퓌레는 토마토소스라고도 하며, 토마토를 파쇄하여 껍질, 심, 씨 등을 제거한 과육(펄프)과 즙액을 농축한다. 농축과정 초기에 거품이 생기는데 비중을 잴 때 방해되므로 식용유를 조금 넣거나 물을 뿌려 거품을 제거해야 한다.

토마토퓌레는 고형물 6.3% 이상, 8.37% 이상, 12% 이상으로 분류되며, 진홍색을 띠고 특유의 향미를 가지며 비중이 1.03~1.04 정도인 것이 좋다. 농축 후 피니셔에 통과시켜 육질을 균일하게 하고 병이나 관에 넣어 밀봉, 살균 후 냉각한다. 토마토페이스트는 토마토퓌레를 더 농축하여 전 고형물을 고형물 25% 이상으로 만든 것이며 더 농축시켜 고형물을 33% 이상으로 하면 농축 토마토페이스트이다.

토마토케첩은 토마토퓌레에 향신료, 조미료를 넣어 농축한 것이다. 향신료는 주로 양파, 마늘, 고추, 계피, 후추, 생강, 정향 등을 사용하며, 조미료는 소금, 설탕, 식초 등을 가한 것으로 식초는 조미료 역할 외에 제품의 살균력을 높인다. 케첩의 고형물은 25~30% 전후로 비중은 1.12~1.13 정도가 된다. 토마토주스는 완숙한 토마토를 사용해야 하며, 파쇄한 토마토를 예열기에서 가열하여 산화효소와 펙틴분해효소를 불활성화한다. 제조공정은 세척, 파쇄, 가열, 압착, 가열, 균질화, 살균, 냉각 순이며 균질화공정 중 소금, 설탕, 향신료 등을 첨가한다.

2. 채소류 가공제품 제조방법

(1) 토마토주스

1) 재료 및 기구

- 재료: 토마토 2kg, 소금, 설탕
- 기구: 냄비, 착즙기, 통조림관(301-5호관), 체, 권체기

2) 제조방법

① 선별: 토마토는 완숙하고 풍미가 좋은 것으로 사용하고, 녹색 부위, 곰팡이 생긴 부위 및 꼭지부분을 제거한다. 꼭지부분은 색을 나쁘게 하고 쓴맛 생성과 갈변의 원인이 된다.

② 박피: 꼭지부분 과피를 십자형으로 3~5cm 정도 칼집을 낸다. 토마토를 끓는 물에 넣어 칼집 낸 과피부분이 과육에서 분리되면 건져내어 껍질을 제거하고 4등분한다.

③ 착즙 및 가열: 착즙기에 넣어 짜낸 즙액은 저어주면서 열처리한다.

④ 거르기: 체에 걸러 씨와 섬유질을 제거한다.

⑤ 부재료 첨가 및 가열: 토마토펄프의 0.5~0.7%에 해당하는 소금과 설탕을 첨가한다. 냄비에 넣어 저어주면서 천천히 가열하여 끓인다. 이 과정을 통해 토마토 주스에 함유된 공기가 제거되고 소금, 설탕이 잘 녹으면서 풍미가 향상된다.

⑥ 탈기 및 밀봉: 관에 넣어 탈기 및 밀봉한다.

⑦ 살균 및 냉각: 고온살균은 98~100℃, 6~10초, 저온살균은 75℃, 15~20분 살균한 후 찬물에서 냉각시킨다.

(2) 토마토퓌레

1) 재료 및 기구

- 재료: 토마토 2kg
- 기구: 냄비, 파쇄기(믹서), 체

2) 제조방법

① 세척 및 손질: 토마토는 깨끗이 씻은 후 꼭지를 제거하고 꼭지부분 과피를 십자형으로 3~5cm 정도 칼집을 낸다.

② 박피 및 절단: 끓는 물에 위의 토마토를 넣어 칼집 낸 과피 부분이 과육에서 분리되면 건져내어 껍질을 제거하고 4등분한다.

③ 갈기 및 거르기: 박피한 토마토를 파쇄하거나 믹서에 곱게 갈아내어 체에 걸러 씨와 섬유질을 제거한다.

④ 농축 및 냉각: 냄비에 체에 거른 토마토를 넣고 처음 분량의 1/2이 될 때까지 저어주면서 끓인 후 냉각한다. 가열 중 돌비현상이 있으므로 주의한다.

토마토 페이스트는 토마토퓌레를 저으면서 은근히 졸여 1/2 정도로 농축시킨 후 냉각한다.

(3) 토마토케첩

1) 재료 및 기구

- 재료: 토마토퓌레, 설탕, 소금, 양파분말, 마늘분말, 향신료(정자, 올스파이스 분말) 고춧가루, 식초, 조미료, 계피가루, 전분
- 기구: 냄비, 비중계

2) 제조방법

농축 ▶ 혼합 및 가열 ▶ 향신료 첨가 ▶ 가열 ▶ 탈기 및 살균 ▶ 밀봉 및 냉각

① 농축: 냄비에 퓌레를 넣고 가열하면서 퓌레비중이 1.06 될 때까지 농축한다.

② 혼합 및 가열: 위의 퓌레를 90℃로 내리고 분량의 설탕 1/2과 양파분말, 마늘분말을 넣어 10분 가열한다.

③ 향신료 첨가: 향신료 분말을 넣어 잘 혼합한 후 20분 방치한다.

④ 가열: 나머지 설탕과 소금, 식초, 조미료, 계핏가루, 고춧가루를 넣어 10분 가열한다. 완성된 케첩의 비중은 1.120~1.134, 고형물은 25~30% 정도이다. 퓌레 18L에서 7.2L의 제품이 만들어진다.

⑤ 탈기 및 살균: 병에 담은 후 뚜껑을 가볍게 닫는다. 100℃에서 30분간 탈기 후 밀봉과 살균을 한다.

⑥ 밀봉 및 냉각: 밀봉하고 냉각시킨다.

표 6-2 케첩 원료 배합

재료명	함량	재료명	함량	재료명	함량
토마토퓌레(L)	1	양파가루(g)	5~20	정자(g)	0.3~1
설탕(g)	20~50	마늘가루(g)	2.5	올스파이스(g)	0.1~0.5
소금(g)	5~10	식초(mL)	7~15	고춧가루(g)	0.1~0.2
조미료	조금	계피(g)	0.5~1		

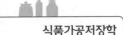

(4) 건조채소

1) 재료 및 기구

- 재료: 채소(배추, 무, 무청, 호박, 가지, 박, 우엉, 산나물, 고구마, 감자 등)
- 기구: 건조 상자 또는 건조기, 냄비, 볼, 체

2) 제조방법

① 세척: 각종 채소는 깨끗이 손질하여 물에 잘 씻은 후 체에 밭쳐 물기를 뺀다.

② 박피 및 세절: 껍질을 벗기거나 가늘게 썬다. 근채류는 3~5mm 두께로 썰고, 감자, 우엉 등은 얇게 절단하여 바로 물에 담가서 갈변을 방지한다.

③ 데치기 및 냉각: 근채류는 2~3분, 엽채류는 15~30초 데친 후 찬물에 헹구어 냉각시킨다.

④ 건조: 근채류는 수분 15%, 엽채류는 10~11%가 될 때까지 햇빛에 말리거나 건조기에 말린다.

⑤ 선별: 고르고 부서지지 않은 것을 봉지에 밀봉·포장하여 저장한다. 포장지 내에 탈산소제와 흡습제를 넣어준다.

고구마를 건조한 절간고구마는 주정, 물엿, 전분, 포도당 원료로 사용된다. 건조 기간이 오래 걸리면 착색되므로 2%의 구연산 용액에 3~4분 담갔다가 건조한다. 아황산가스를 사용하면 갈변은 막을 수 있으나 비타민 A가 파괴된다.

(5) 완두병조림

1) 재료 및 기구

- 재료: 완두 1kg, 2% 소금물
- 기구: 냄비, 병, 체

2) 제조방법

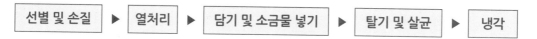

선별 및 손질 ▶ 열처리 ▶ 담기 및 소금물 넣기 ▶ 탈기 및 살균 ▶ 냉각

① 선별 및 손질: 콩깍지가 녹색이고 윤이 나는 것으로 골라 깍지를 깐다(녹색이고 윤이 나는 깍지의 콩은 둥글고 수분이 많으며 날로 먹었을 때 단맛이 난다).

② 열처리: 끓는 물에 데쳐내어 물기를 제거한다.

③ 담기 및 소금물 넣기: 병에 담고 끓인 2% 소금물을 가한다.

④ 탈기 및 살균: 탈기 및 살균한다.

⑤ 냉각: 살균 후 냉각시킨다.

(6) 양송이병조림(통조림)

1) 재료 및 기구

- 재료: 양송이(지름 2~4cm) 1kg, 0.01% 아황산염 용액, 2~3% 소금물
  아스코르브산용액(150~200mg%), 글루탐산나트륨 조금
- 기구: 냄비, 볼, 체, 병 또는 통조림관(301-7호관)

2) 제조방법

① 원료 처리: 양송이는 산화 변색되기 쉬우므로 수확 후 3~5시간 내에 나무상자나 물에 담가 가공처리 할 공장으로 운반한다. 24시간이 지난 것은 갈변 방지를 위해 아황산염 용액을 살포한다.

② 자루 절단 및 선별: 양송이의 각포와 자루를 잘라내고 우산 크기, 모양, 균막의 열린 정도 및 손상 정도에 따라 선별한 후 버튼형, 홀형, 피스 앤 스템의 형태로 절단한다.

③ 세척: 10~15분간 물에 담갔다가 흙과 모래를 씻어낸다.

④ 데치기 및 냉각: 양송이 크기나 선도에 따라 끓는 물에 5~10분 데친 후 찬물로 식힌다.

⑤ 선별 및 분류: 크기에 따라 선별하며 선별기준은 다음과 같다.

  E: 우산 직경 35mm 이상　　　　　L: 우산 직경 27.5~34.9mm

  M: 우산 직경 21.0~27.4mm　　　　S: 우산 직경 16.5~20.9mm

  T: 우산 직경 12.0~16.4mm　　　　m: 우산 직경 12.0mm 미만

  버튼 및 홀로 적합하지 않은 것은 3mm 두께로 잘라 피스 & 스템으로 분류하고 직경 35mm 이상의 것과 등외품은 2~4쪽으로 나누어 슬라이스하여 사용한다.

⑥ 담기 및 조미액 넣기: 크기에 따라 병 또는 관에 나누어 넣는다. 살균하면 약간 축소되므로 10~15% 더 많이 담은 후 2% 소금물, 열처리 침출액, 아스코르브산 용액, 글루탐산나트륨을 혼합한 조미액을 헤드스페이스가 6~7mm 정도 되도록 담는다.

⑦ 탈기 및 살균: 탈기 및 살균시킨다. 통조림관에 넣어 처리할 경우 관에 넣어 90~100℃에서 5~20분 탈기하고, 탈기 후 113℃에서 40~90분 살균한다.

⑧ 냉각: 살균이 끝난 후에 온도가 40℃ 정도 될 때까지 냉각한다.

(7) 배추김치

1) 재료 및 기구

- 재료: 배추 5통(15kg), 5~10% 소금물, 굵은 소금 70g, 무 3개(3kg), 배 1개
  밤 5~10개, 미나리 100g, 갓 100g, 쪽파 100g, 대파 100g, 생강 10g
  마늘 25g, 고춧가루 100g, 소금 30g, 새우젓 혹은 멸치젓 500g, 찹쌀풀 1C
- 기구: 항아리, 절임통, 큰 볼, 소쿠리

2) 제조방법

① 재료 손질: 배추의 떡잎을 제거하고 다듬어서 2~4쪽으로 쪼갠다. 무와 다른 재료도 깨끗이 씻어서 손질해 놓는다.

② 배추 절이기: 위의 배추를 5~10% 소금물에 담갔다가 건져서 뿌리 쪽의 두꺼운 부분에 굵은 소금을 뿌려서 큰 독이나 용기에 가른 단면이 위로 오게 차곡차곡 담아 11~20시간 정도 절인다. 5시간쯤 후에 위아래를 바꾸어 전체를 고루 절인다. 너무 오래 절이면 아삭아삭한 맛이 없어지고 질겨진다.

③ 세척: 배추 절이기가 끝나면 물로 씻은 후 소쿠리에 엎어서 건져놓아 물기를 뺀다. 포기가 큰 것은 다시 반으로 가르고 뿌리 부분을 깨끗이 도려낸다.

④ 소 만들기: 분량의 무 1/2, 배, 밤은 채 썰고, 미나리, 갓, 쪽파는 3cm 정도 길이로 썬다. 대파는 어슷썰고 생강, 마늘은 곱게 다진다. 채 친 무에 고춧가루를 넣어 고루 버무려서 빨갛게 색을 들인 후 준비한 배, 밤, 미나리, 갓, 쪽파, 대파를 넣어 섞는다. 이어서 다진 마늘, 생강, 젓갈 및 찹쌀풀을 넣어 섞고 간을 보아 부족하면 소금으로 간을 맞춘다.

⑤ 소 넣기: 소를 넓은 그릇에 덜어서 절인 배추를 놓고 배추 잎을 하나씩 벌려 사이사이에 고르게 채워 넣은 후 겉잎으로 한 자락 돌려서 배추 속이 빠지지 않도록 아물린다. 남은 무 1/2은 두께 3cm 정도로 큼직하게 썰어 소금, 고춧가루 등 양념으로 고루 버무린다. 배추에 함유된 소금은 3% 정도가 좋다. 소금 농도가 이보다 적으면 색은 좋지만 물러지기 쉽고, 6% 이상이 되면 색과 풍미가 나빠진다.

⑥ 담기: 항아리에 속을 넣어 잘 아물린 배추김치와 양념한 무를 번갈아 차곡차곡 담고

맨 위는 무거운 돌로 눌러놓는다. 국물이 적으면 물을 끓여서 소금이나 젓국으로 간을 맞추어 붓는다. 뚜껑을 덮고 비닐 같은 것으로 항아리 입구를 꼭 싸 준다.

⑦ 숙성 및 저장: 숙성에 가장 좋은 온도는 5~10℃, 적당한 숙성기간은 수주일이다. 5℃ 정도에서 10일간 지나면 추워져도 숙성에는 지장이 없다.

배추김치는 김장철에 담그면 대개 3주일 정도 경과하면 맛있게 익는다. 김치는 필요한 만큼만 꺼내어 바로 먹어야 맛이 있다. 김치를 꺼낸 항아리의 김치는 위를 평평하게 다듬고 꼭꼭 눌러 두어야 김치 맛이 변하지 않는다.

(8) 깍두기

1) 재료 및 기구

- 재료: 무 3개(3kg), 마늘 20g, 생강 10g, 쪽파 200g, 갓 200g, 미나리 200g
  새우젓 100g, 멸치젓 100g, 고춧가루 80g, 소금 30g, 설탕 30g
- 기구: 큰 양푼, 저장통

2) 제조방법

무 썰기 ▶ 부재료 준비 ▶ 고춧가루 색 내기 ▶ 혼합 ▶ 숙성

① 무 썰기: 무는 깨끗이 씻어서 잔뿌리를 떼고 껍질을 살짝 벗기어 2cm의 정육각형의 깍뚝썰기로 썬다.

② 부재료 준비: 쪽파, 갓, 미나리는 다듬어서 3cm의 길이로 썰고, 마늘, 생강은 곱게 다진다.

③ 고춧가루 색 내기: 큰 양푼에 썰어 놓은 무를 담고 고춧가루를 넣어 고루 버무려서 색을 곱게 낸다.

④ 혼합: 준비한 마늘, 생강, 새우젓, 멸치젓, 설탕을 넣어 잘 섞은 후에 쪽파, 갓, 미나리를 넣어 고루 버무린다. 마지막에 소금, 설탕으로 간을 맞춘다.

⑤ 숙성: 버무린 깍두기를 꼭꼭 눌러서 담고 뚜껑을 잘 덮어 익힌다.

(9) 동치미

1) 재료 및 기구

- 재료: 작은 무 10개(5kg), 소금 130g, 소금물(물 5L, 소금 130g), 마늘 20g
  생강 10g, 쪽파 50g, 갓 50g, 청각 50g, 풋고추 5개, 홍고추 3개
- 기구: 큰 양푼, 체, 저장통, 거즈주머니

2) 제조방법

① 손질 및 세척: 무는 작고 단단한 것으로 골라서 잔뿌리를 떼고 솔로 깨끗이 씻은 후 그대로 사용한다. 무의 머리 부분을 자르면 물이 흡수되어 동치미가 물러진다.

② 절이기: 씻은 무를 소금에 굴려서 골고루 묻힌 후 저장통에 넣고 남은 소금을 위에 뿌려서 하룻밤 절인다.

③ 부재료 준비: 쪽파와 갓은 깨끗이 씻어 소금을 뿌려 살짝 절여서 두세 가닥씩 모아 5cm 크기로 말아서 묶는다. 청각, 풋고추, 홍고추는 깨끗이 씻어 건져서 물기를 뺀다. 배는 씻어서 그대로 반을 가른다. 마늘과 생강은 씻어서 얇게 저며 거즈주머니에 넣는다.

④ 숙성 및 저장: 저장통의 밑에 마늘, 생강을 넣은 거즈주머니를 놓고 위에 절인 무를 한 켜 놓고 준비한 부재료들을 얹고 다시 무 담기를 반복한다. 맨 위에 청각을 놓고 떠오르지 않도록 무거운 돌로 눌러 놓는다. 저장통에 만들어 놓은 소금물을 가만히 따라 붓고 뚜껑을 덮어서 익힌다. 저온에서 담근 후 15~20일이 지나면 숙성된다.

(10) 단무지

1) 재료 및 기구

- 재료: 무 10kg(약 10개), 설탕 100g, 쌀겨 1kg, 소금 500~600g, 감초가루 10g
  귤껍질 말린 것 50~80g
- 기구: 볼, 소쿠리, 저장통

2) 제조방법

선별 ▶ 세척 ▶ 건조 ▶ 부재료 혼합 ▶ 담기 ▶ 숙성

① 선별: 무는 중간 크기로 끝이 뾰족하고 순백색이며 육질이 조밀하여 단단하고 건조가 용이한 것이 좋다. 주로 가늘고 긴 연마종 또는 궁중종을 사용한다.

② 세척: 무는 솔로 깨끗이 씻는다.

③ 건조: 무를 건조할 때 생엽을 붙여 건조하는 방법과 잎을 잘라내고 건조하는 방법이 있다. 전자는 잎의 가운데를 중심으로부터 4~5개를 솎아내어 잎이 달린 채 5~6개씩 다발로 묶어 건조시키며, 후자는 잎, 머리, 꼬리부분을 잘라내고 짚 등으로 10개 정도를 2줄로 엮어서 건조대에 걸쳐 꾸덕꾸덕할 정도로 건조시킨다. 다발로 묶어서 건조한 경우는 잎을 잘라내어 시래기로 사용한다. 1~2월에 먹는 것은 5~7일, 3~5월에 먹는 것은 10일, 6~7월에 먹는 것은 10~13일, 7월 이후 먹는 것은 15일 정도 건조해야 꾸덕꾸덕한 상태가 된다. 오래 저장할 것은 더 많이 건조한다.

④ 부재료 혼합: 쌀겨, 소금, 감초가루 및 귤껍질 말린 것을 잘 혼합한다.

⑤ 담기: 저장통 바닥에 무의 말린 잎을 3cm 두께로 깔고 부재료를 골고루 뿌린다. 그 위에 무를 사이가 뜨지 않도록 일렬로 한 층 깔고 부재료를 그 위에 한 층 얹는다. 이 조작을 반복하여 통보다 10~15cm 높아지면 소금을 뿌리고 맨 위에 말린 잎으로 덮어주고 뚜껑을 한 후 무거운 돌로 눌러 둔다. 사용하는 쌀겨는 전분질이 많고 고운 것이 좋다. 소금은 $MgCl_2$, $CaSO_4$가 함유된 천일염이 좋다. 제품에 다소 고미가 있으나 색택이 좋고 Mg, Ca에 의한 경화작용으로 더 아삭하고 독특한 질감을 느낄 수 있다.

⑥ 숙성: 7~10일이 지나 액즙이 나오고 무가 밑으로 가라앉으면 돌을 내려 액즙이 무 속에 스며들게 하고 다시 돌을 얹어 숙성시킨다. 치자를 넣어주면 단무지 색을 노랗게 할 수 있다.

저장 장소는 온도의 변화가 적은 곳이 좋으며 담근 후 2개월 정도면 단무지 특유의 맛이 난다.

(11) 통마늘장아찌

1) 재료 및 기구

- 재료: 마늘 50통, 식초(마늘 50통 잠길 정도 양), 배합액(물:간장:설탕 = 1:1:0.3 비율)
- 기구: 냄비, 볼, 체, 저장병, 계량컵

2) 제조방법

① 박피 및 세척: 마늘은 하지 전에 속대가 생기지 않은 연한 것이 좋다. 줄기 2cm 정도 붙여 둔 채 잘라 껍질을 한 겹만 벗기고 깨끗이 씻은 후 체에 밭쳐 물기를 제거하고 저장병에 담는다.

② 식초물 붓기: 위의 병에 식초를 마늘이 잠길 정도로 가득 부어 4~7일 정도 두어 삭힌 후 식초물을 따라낸다. 이 과정에서 마늘의 아린맛이 감소된다.

③ 배합액 제조 및 붓기: 물, 간장, 설탕을 1:1:0.3 비율로 만들어 끓여 식힌 배합액을 식초물을 따라낸 병에 마늘이 잠길 정도로 붓고 마늘이 떠오르지 않게 위를 돌이나 접시로 눌러 준 후 뚜껑을 봉한다.

10일에 한 번씩 배합액을 따라내어 다시 끓여서 식혀 붓는 것을 서너 번 반복한다. 기호도에 따라 물과 간장의 양을 조절하여 배합액을 만든다.

④ 숙성: 1개월 정도 숙성시킨다. 저장 기간은 6개월 내지 1년 정도이다.

통마늘을 10%의 소금물에 삭혔다가 따라내고 물, 식초, 설탕을 5:2:1 비율로 만들어 끓여 식힌 식초물을 부으면 흰색의 마늘장아찌를 만들 수 있다.

(12) 오이지

1) 재료 및 기구

- 재료: 오이 50개, 소금 130g, 소금물(물 3L, 소금 520g)
- 기구: 항아리, 냄비, 볼, 체, 누름돌, 계량컵

2) 제조방법

① 세척 및 담기: 오이는 껍질이 연한 색의 재래종으로 통통한 것이 적합하다. 오이를 소금으로 문질러 씻어 물기를 제거하고 항아리에 차곡차곡 담은 후 깨끗하게 씻은 짚을 덮고 누름돌로 눌러 놓는다.

② 배합액 끓이기: 냄비에 분량의 소금물을 넣고 한소끔 끓인다. 오이 크기에 따라 소금물 분량을 조절한다.

③ 배합액 붓기 및 숙성: 위의 끓는 소금물을 뜨거운 채로 오이가 담긴 항아리에 붓고 누름돌로 눌러 1주일 정도 숙성시킨다. 오이가 소금물 위로 뜨면 연부 현상이 생긴다. 2일 후쯤에 소금물을 따라 내어 다시 끓여서 식혀 오이에 부어 주고 1~2주일 정도 숙성시킨다.

(13) 양파피클

1) 재료 및 기구

- 재료: 양파 10개, 식초 200mL, 설탕 170g, 물 600mL, 월계수잎 5잎, 10% 소금물 (소금:물=1:9 비율)

2) 제조 방법

① 선별 및 세척: 양파는 알이 작은 것으로 선별하여 박피 후 깨끗이 씻는다.
② 절임: 10% 소금물에 2~3시간 절인 후 건져내어 월계수잎과 함께 저장병에 넣는다.
③ 배합액 제조 및 붓기: 식초, 설탕, 물을 분량대로 혼합하여 끓여 식힌 배합액을 저장병에 붓고 양파가 떠오르지 않게 윗면을 접시로 눌러준다. 1주일 후 배합액을 따라내어 끓여 식힌 후 붓는다.
④ 숙성: 1~2주일 정도 숙성시킨다.

오이피클도 위와 같은 방법으로 제조한다.

CHAPTER 07

서류 가공

1. 서류 가공특성

(1) 서류와 전분

서류에는 고구마, 감자, 카사바, 참마, 야콘 등이 있다. 전분이 주성분으로 주로 전분제조와 주정 원료로 사용된다.

고구마는 고구마 색에 영향을 주는 색소가 함유된 표피, 전분립이 들어있는 표층, 그리고 유조직으로 이루어져 있다. 당분이 많고 전분이 적은 점질고구마는 가공원료에 주로 사용하고, 단맛은 약하지만 전분이 많은 분질고구마는 식용으로 이용된다. 가공에는 당도가 높고 전분수율이 높은 고구마를 사용하는 것이 좋다.

고구마전분의 제조는 수세, 마쇄, 사별, 분리 공정을 거친다. 수세 후 마쇄기로 마쇄하여 전분입자를 노출시키는데 이는 전분수율에 영향을 미치는 중요한 공정이다. 사별공정은 죽 모양이 된 고구마에 함유된 단백질, 미세섬유, 협잡물 등을 분리하는 작업으로 처음에는 굵은체로, 다음은 고운체로 쳐서 전분유를 얻는다.

전분유에서 전분을 분리하는 방법에는 정치법, 테이블법, 원심분리법이 있으며, 정치법은 침전통에 원료를 파쇄한 전분유를 넣고 8~12시간 정도 정치시켜 분리하는 것이고, 테이블법은 경사진 나무나 시멘트로 된 테이블로 전분유를 흘려보내 전분을 가라앉게 하는 방법이다. 원심분리법은 원심분리기로 분리하는 것으로 전분입자와 불순물의 접촉시간을 짧게 하는 방법이다.

전분유를 침전탱크로 옮겨 12시간 방치하면(정치법) 전분알갱이가 아래층에 가라앉고 그 위에 황갈색을 띤 진흙 모양의 삽이 침전되는데 위쪽의 용액을 버린 후 삽을 제거하면 전분층이 나타나며 이 전분을 조전분이라 한다. 조전분은 소량의 모래와 불순물을 섞여 있고 회색을 띠므로 탱크에 조전분과 물을 넣어 교반한 다음 1~2일 다시 방치하면 하층에는 모래와 흙이 있고, 중간층에는 전분, 상층에는 섬유소, 불용성단백질 등 불순물이 포함된 토육이 생성된다. 상층의 토육을 제거하면 흰 전분층이 나타나는데 이를 분리한 것이 생전분으로 수분이 약 40% 가량 함유되어 있다. 생전분의 수분함량이 높으므로 저장성을 높이기 위해 수분이 18% 정도 되게 건조하는데 이를 범전분 또는 미전분이라 하고, 이를 120mesh 체로 친 것을 부전분이라 하며, 전분가공의 원료로 사용한다. 전분제조 공정 중 석회처리를 하는 경우가 있는데 그 이유는 다음과 같다.

표 7-1 🍶🍾🍾 **전분제조 시 석회처리의 효과**

원료에 함유된 펙틴은 마쇄 시 전분유의 침전을 느리게 하므로 석회를 첨가해 주면 펙틴과 석회가 결합하여 전분박과 전분유를 분리하는 사별공정이 용이해지고 침전분리가 빨라지며 수율을 10~20% 향상시킨다.
전분유의 pH가 알칼리성이 되면서 단백질이 응고되어 전분에 혼합되는 것을 방지하므로 순도가 높아진다.
전분에 대한 폴리페놀의 흡착을 저해하여 전분의 백도를 3~5% 높일 수 있다.

감자는 가장 바깥쪽에 코르크층이 있고, 전분립이 들어있는 후피 그리고 발육에 필요한 물질통로이며 미생물 침입통로인 유관속으로 이루어져 있으며, 감자의 대부분을 차지하는 수심부는 외수부분과 별모양을 가진 수분함량과 투명도가 높은 내수부분으로 구성되어 있다. 감자의 전분입자는 다른 식품의 전분입자에 비해 크기가 큰 편으로 분리하기가 용이한 이점이 있다. 감자전분은 고구마전분과 제조과정이 같다. 감자는 얇팍썰기하여 튀기거나 구워서 감자칩을 만든다.

옥수수 전분 제조 시 주로 마치종을 사용하며 선별, 수세하고 아황산 용액에 40~48시간 침지하는데, 그 이유는 옥수수 조직을 팽윤시켜 파쇄가 용이해지고 단백질을 제거하여 전분분리가 용이해지며, 미생물 번식을 억제하는 효과가 있기 때문이다.

(2) 전분

여러 식품으로부터 제조된 전분은 증점제, 겔형성제, 보습제, 유화안정제 등으로 이용되고 포도당, 물엿, 이성화당 등의 제조원료로 사용된다. 전분당은 전분을 가수분해하였을 때 생성되는 물엿에서 순수한 포도당에 이르는 여러 가수분해산물을 말한다. 가수분해도에 따라 결정포도당, 액상포도당, 물엿 등으로 분류되며 분자량이 작을수록 물에 잘 용해되고 단맛이 강하다.

전분의 당화율(포도당 당량, dextrose equivalent; DE)은 전분의 가수분해 정도를 나타내는 것으로 전분의 DE는 0, 덱스트로오스의 DE는 100이다.

$$당화율 = \frac{직접환원당(포도당으로 표시)}{고형분} \times 100$$

Q) 50% 전분유 1톤을 산분해시켜 당화율 40의 물엿을 제조할 때 생산되는 환원당의 양은?

A) $40 = \dfrac{x}{500} \times 100 = 200kg$

전분당은 산당화법과 효소당화법을 이용하여 제조하는데, 효소당화법을 주로 많이 이용하며 가장 많이 사용하는 효소 2가지는 액화작용을 하는 α-아밀레이스와 당화작용을 하는 글루코아밀레이스이다. 효소당화법으로 전분을 가수분해하여 포도당을 제조할 때의 장점은 원료 전분을 정제할 필요가 없고, 제품의 색과 맛이 우수하며, 쓴맛이 나지 않고, 시설비가 적게 들며, 순도 높은 포도당을 얻을 수 있고 당화 후에는 중화할 필요가 없다는 것이다.

표 7-2 효소당화법과 산당화법 비교

	효소당화법	산당화법
원료전분	정제 필요 없음	정제 필요
당화시간	48시간	60분
분해한도	97%	90%
당화재료	0.2~0.5%의 효소	약 pH 2의 염산, 황산, 수산 등 사용
관리	50~55℃로 보온 필요, 중화 필요 없음	일정한 분해율 관리가 어렵고, 탄산칼슘, 탄산나트륨 등으로 중화 필요
경제성	산당화법에 비해 30% 비용 증가	시간 절약, 가격 저렴

전분은 분해도, 즉 당화율이 높아지면 포도당이 증가되고 단맛, 결정성, 삼투압 및 방부효과가 증가한다. 반면 덱스트린이 감소하여 평균분자량이 작아지고 흡습성, 점도 및 동결점이 낮아진다. 물엿의 당화율은 35~50%, 고형포도당 80~85%, 정제포도당 97~98%, 결정포도당의 경우는 100%이다.

표 7-3 전분 분해물 덱스트린의 종류 및 요오드 반응에 의한 색 변화	
종류	요오드 반응
가용성 전분(Soluble starch)	청남색
아밀로덱스트린(Amylodextrin)	청남색
에리트로덱스트린(Erythrodextrin)	적갈색
아크로모덱스트린(Achromodextrin)	옅은황색(무색)
말토덱스트린(Maltodextrin)	무색

(3) 물엿과 이성화당

물엿은 감자전분, 고구마전분, 옥수수전분 등을 산 또는 효소로 당화시켜 점성과 단맛을 가진 것으로 산당화엿과 맥아엿이 있다. 산당화엿은 전분을 수세, 정제, 가수하여 전분유를 만든 다음 산을 가하여 가열, 당화, 중화, 여과, 농축한다. 이 농축액을 탈색하고 염 등을 제거한 후 다시 농축하여 만든다. 맥아엿은 전분유에 효소를 첨가하여 액화하고 가열하여 효소를 불활성화시킨 후 여과한다. 이 여과액에 맥아침출액을 넣고 60~65℃에서 3~8시간 당화시키는데 이때 당화온도가 50℃로 낮아지면 고온성 젖산균이 번식하여 신맛이 생성되므로 온도유지에 주의한다. 이 당화액을 걸러내어 가열하면서 불순물을 제거하고, 활성탄으로 탈색, 여과한 다음 수분함량이 14~16% 정도로 농축시켜 만든 것이다. 물엿은 덱스트린 10~20%과 맥아당 50~60%의 혼합물로, 물엿의 끈기와 점성은 덱스트린 함량에 의해 영향을 받는다.

포도당은 전분을 산 또는 효소로 가수분해하여 만들며 함수결정 포도당, 무수결정 포도당, 분말포도당, 정제포도당 등이 있다.

이성화당은 고과당시럽으로 포도당을 포도당이성화효소 등을 사용하여 60℃에서 1시간 반응시켜 포도당 일부를 과당으로 이성화시키면 포도당 52%, 과당 42% 및 기타 당이 함유된 당액이 된다. 맛이 깨끗하고 상쾌한 단맛을 내므로 청량음료에 많이 사용되며 제과, 아이스크림 등에 사용된다. 감미도와 삼투압이 설탕보다 높아 미생물에 대한 안정성 및 잼, 젤리 등의 저장성을 향상시킬 수 있다.

2. 서류 가공제품 제조방법

(1) 고구마(감자)전분

1) 재료 및 기구

- 재료: 고구마 또는 감자 5kg
- 기구: 마쇄기 또는 믹서, 면자루, 분마기, 체

2) 제조방법

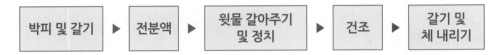

① 박피 및 갈기: 고구마 또는 감자는 껍질을 벗긴 후 깍둑썰기하여 마쇄기에 갈거나 믹서에 넣고 잠길 만큼의 물을 부어 곱게 간다.

② 전분액: 면자루에 넣고 물속에서 주물러 전분이 빠져 나오게 하여 전분액을 만든다. 이때 전분액이 완전히 빠져 나올 때까지 물속에서 주물러 주어야 전분이 많이 채취된다.

③ 윗물 갈아주기 및 정치: 위의 전분액을 1~2시간 정도 정치시켜 전분이 가라앉으면 윗물을 버리고 침전물에 물을 부어 희석하여 다시 가라앉힌다. 이 과정을 윗물의 색이 맑고 깨끗해질 때까지 서너 번 반복한다.

④ 건조: 마지막으로 물을 따라 버리고 가라앉은 전분을 깨끗하고 넓은 데에 펴서 건조시킨다.

⑤ 갈기 및 체 내리기: 분마기에 곱게 갈아 체에 내린다.

(2) 고구마맥아엿

1) 재료 및 기구

- 재료: 고구마 1kg, 건조맥아 50~100g
- 기구: 밥솥, 찜기, 물통, 면자루, 절구, 체

2) 제조방법

썰기 ▶ 찌기 ▶ 으깨기 ▶ 가수 ▶ 당화 ▶ 여과 ▶ 농축

① 썰기: 고구마를 깨끗이 씻어 물기를 제거하고 3~4mm 정도의 두께로 썬다.

② 찌기: 고구마를 찜기에 넣어 1~1.5시간 쪄낸다.

③ 으깨기: 절구에 넣고 잘 으깬다.

④ 가수: 으깬 고구마에 물 7~9L를 가해 희석하여 잘 섞는다(보메 18~20).

⑤ 당화: 위의 희석액을 60~65℃로 데운 후 맥아를 첨가하여 잘 혼합시키고 60℃에서 5~7시간 보온하면 당화된다. 당화종료는 요오드반응으로 판정한다.

⑥ 여과: 당화액을 면자루에 넣고 여과한다.

⑦ 농축: 솥에 넣어 수분 함량 15~20%(보메 42~44)가 되도록 농축한다. 수저로 떠서 떨어뜨려 보았을 때 줄줄 흐르지 않고 뭉쳐서 떨어지면 잘 농축된 것이다.

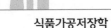

(3) 당면

1) 재료 및 기구

- 재료: 고구마전분 750g, 감자전분 150g, 백반(원료의 0.5%)
- 기구: 가열솥, 반죽용 그릇, 제면 그릇(밑에 구멍 뚫린 그릇), 면대막대기, 냉동실

2) 제조방법

① 익반죽: 고구마전분 250g을 큰 그릇에 넣고 백반을 용해한 따뜻한 물을 부어 잘 반죽한다. 백반은 전분에 끈기를 주어 잘 가락지도록 한다.

② 끓는 물 혼합: 위 반죽에 끓는 물을 부어 현탁액을 만든다.

③ 전분 혼합: 위에 남은 고구마전분 500g을 조금씩 넣어 가면서 충분히 저어 멍울 없이 고루 풀리게 하고, 필요하면 끓는 물을 추가한다.

④ 반죽: 감자전분을 넣어 충분히 반죽하되 약간 질은 반죽이 되게 한다.

⑤ 제면: 반죽을 제면그릇에 담은 채 손으로 눌러 주어 구멍을 통해 빠져나온 가락이 끓는 물에 흘러내리게 한다. 물속에 떨어진 가락은 익어서 질긴 면이 만들어진다.

⑥ 예비건조: 막대기로 건져내어 그대로 그늘에서 20시간 정도 예비 건조시킨다.

⑦ 동결 및 해동: 예비건조된 당면을 냉동실에 옮겨 24시간 동결시킨다. 동결한 당면을 꺼내어 찬물에 넣어서 해동시킨 후 물기를 제거한다.

⑧ 건조 및 절단: 건조장에 6~7시간 정도 완전히 건조시킨 후 적당한 길이로 절단한다.

당면은 얼려서 만들어 동면이라고도 한다. 고구마전분에는 글루텐이 없으나 엉키는 성질이 있으므로 묽은 반죽을 만들어 실모양의 가닥으로 뽑아낸 후 끓는 물에 삶아 질긴 특성을 갖게 하고 동결시킨다. 동결법에는 자연동결법과 인공동결법이 있다.

(4) 감자칩

1) 재료 및 기구

- 재료: 감자 1kg, 소금 조금
- 기구: 세절기, 튀김냄비, 체, 식용유

2) 제조방법

박피 및 썰기 ▶ 전분 제거 ▶ 튀기기 ▶ 가염 ▶ 건조

① 박피 및 썰기: 감자 껍질을 벗겨서 세절기로 얇게 썬다.
② 전분 제거: 물로 씻어 표면에 붙어 있는 전분을 제거한 후 물기를 제거한다.
③ 튀기기: 190℃ 정도 기름에 감자를 튀긴다. 튀김 온도를 높이면 흡수되는 기름의 양
은 적어진다.
④ 가염: 튀겨낸 후 기름을 빼고 소금을 가해 간을 맞춘다.
⑤ 건조: 냉풍으로 건조하여 상온이 되면 포장한다.

(5) 감자송편

1) 재료 및 기구

- 재료: 감자녹말 500g, 풋강낭콩 300g, 소금 3g
- 기구: 볼, 시루, 베보자기

2) 제조방법

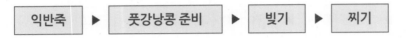

① 익반죽: 감자녹말을 볼에 넣고 익반죽한다.

② 풋강낭콩 준비: 풋강낭콩을 씻어 소금을 고루 섞어 둔다.

③ 빚기: 위의 반죽을 조금씩 떼어 준비한 풋강낭콩을 넣고 송편처럼 빚는다.

④ 찌기: 시루에 베보자기를 깔고 빚은 송편을 얹어 쪄낸다. 감자송편은 뜨거울 때 먹어야 쫄깃한 맛이 있어 좋다.

칡 송편은 칡 녹말을 이용하여 만든 것으로 칡 녹말을 만들 때는 먼저 칡뿌리의 껍질을 벗긴 다음 파쇄한다. 면자루에 넣어 물속에서 주물러 전분이 빠져 나오게 하여 전분액을 만든다. 이때 전분액이 완전히 빠져 나올 때까지 물속에서 주물러 주어야 전분이 많이 채취된다. 앙금이 가라앉으면 윗물을 버리고 침전물에 물을 부어 희석하여 다시 가라앉힌다. 이 과정을 윗물의 색이 맑고 깨끗해질 때까지 3~4번 반복한다. 마지막으로 물을 따라 버리고 가라앉은 전분을 깨끗하고 넓은 데에 펴서 건조시켜 분마기에 곱게 갈아 체에 내린다.

두류 가공

1. 두류 가공특성

(1) 두류의 특성

두류는 종피, 배, 자엽으로 구성되어 있고 식용하는 부분은 자엽부이며 이는 곡류의 배유부분에 해당된다. 두류 성분은 종류에 따라 차이가 있는데 대두에는 단백질과 지방함량이 많고 팥, 강낭콩에는 전분이 많다.

특성	종류
단백질과 지방함량이 높은 것	대두(콩)
단백질과 전분함량이 높은 것	팥, 녹두, 강낭콩, 동부
채소로 분류되는 것	껍질콩, 풋콩, 풋완두

가공에 주로 사용되는 콩은 40% 정도의 단백질이 함유하고 있는데 이 중 9%는 수용성 단백질로 구성되어 있다. 이 수용성 단백질 중 85%를 차지하는 글로불린의 대부분은 중성 염류 용액에 녹는 글리시닌으로 필수아미노산이 골고루 함유되어 있으며, 곡류에 부족한 리신, 트립토판이 비교적 많아 곡류와 함께 섭취하면 상호보완 효과가 있다.

콩에는 영양저해물질인 트립신저해제, 적혈구응집소인 헤마글루티닌 등이 있으나 열에 불안정하여 쉽게 불활성화된다. 또한 라피노오스와 스타키오스와 같은 당류 등이 함유되어 있으며, 인체에는 이들 당을 분해할 수 있는 효소가 없으므로 대장에 도달한 후 질소, 이산화탄소, 메탄가스 등을 생성하는 원인이 된다. 가열하지 않은 콩의 소화율은 82%, 익힌 콩은 90%, 두부 96%로 콩가공품 중 두부의 소화흡수율이 가장 높다. 따라서 콩을 가공하면 소화율을 높일 수 있고 이용률을 증대시킬 수 있다.

(2) 콩가공품

1) 두부

두부는 불린 콩을 갈아 제조한 두유에 응고제를 넣어 응고시킨 것으로 많은 사람이 애용하는 콩가공품이며, 종류에는 일반두부, 전두부, 자루두부, 유부, 동결건조두부, 유바 등이 있다.

일반두부의 제조공정은 원료, 정선, 침수, 마쇄, 가열, 여과, 두유, 응고, 성형, 절단, 침수, 포장, 제품 순이다. 우선 원료 콩의 2.5배 정도 될 때까지 여름에는 5~6시간, 겨울에는 15시간 물에 불린다. 불린 후 물을 넣어 마쇄하여 100℃에서 30분 가열하여 단백질을 충분히 용출시킨다. 가열 중 거품이 생기면 식물성유를 소량 넣어 주어 거품을 가라앉게 하고 가열이 끝나면 압착기 등을 이용하여 두유와 비지로 분리한다. 분리된 두유는 응고제의 최적 온도에 따라 70~90℃로 유지하면서 두유 양의 1~2%에 해당하는 응고제를 2~3회로 나누어 첨가하면서 저어주면 응고물이 형성되는데 대개 15분 정도 소요된다. 응고물을 여과포를 깐 두부상자에 옮겨 압착하여 두부를 만든 후 찬물에서 3시간 정도 담가 간수를 뺀 후 적당한 크기로 잘라 포장한다.

표 8-2 　두부의 종류와 특성

두부의 종류	특성
전두부	원료 콩에 5배 정도의 물을 첨가하여 진한 두유를 만들고 70℃에서 응고제를 넣고 잘 저어준 후 두부상자에 넣고 그대로 응고시킨 것으로 일반두부보다 영양가가 높다.
자루두부	진한 두유를 만들어 냉각한 다음 응고제와 함께 폴리에틸렌 주머니에 넣어 밀봉하고 90℃에서 40분 가열, 응고시킨 후 냉각하여 만든다.
유부	생두부를 얇게 썰어 대나물발 사이에 끼우고 누름돌로 눌러 수분이 70~80% 정도 되도록 탈수한 후 기름에 두 번 황갈색이 나도록 튀겨 낸다. 튀긴 후에는 생두부보다 부피가 조금 더 커지고 보존성이 향상된다.
동결건조두부	일반 두부보다 수분함량이 적고 단단하게 만든 생두부를 넓적하게 잘라 동결시키면 해면상의 다공질의 조직을 가진 두부가 된다. 수분함량은 10% 정도이며 단백질과 지방이 풍부하다.
유바	냄비에 두유를 넣고 약한 불로 가열하면 표면에 얇은 피막이 생기는데 피막의 두께가 적당해지면 건져내어 건조시킨다.

두부 제조의 원리는 음전하를 갖는 콩 단백질 글리시닌이 양전하를 갖는 Mg, Ca 등 무기이온과 반응, 중화되어 응고되는 것이다. 응고제 종류는 두부의 맛과 질감 등에 영향을 준다. 응고제는 염화마그네슘, 황산칼슘, 염화칼슘, 글루코노델타락톤 등이 있으며 그 특성은 다음과 같다.

| 표 8-3 | 응고제의 종류와 특성 |
종류	특성
염화마그네슘	응고온도: 75~80℃ 단시간 내 응고되며 쉽게 탈수되고, 풍미가 좋다.
황산칼슘	응고온도: 80~85℃ 보수성, 탄력성이 우수하며, 수율이 높다. 표면이 거칠고 두부에 많이 잔류하며 풍미가 좋지 않다.
염화칼슘	응고온도: 75~80℃ 쉽게 탈수되며 풍미가 좋지 않다. 잘 이용되지 않는다.
글루코노델타락톤	응고온도: 85~90℃ 표면이 매끈하고 부드러우며 수율이 좋다.

2) 두유

물에 불린 콩을 갈아서 비지를 제거한 두유는 탄수화물, 단백질, 지질, 비타민, 무기질 등 영양소가 풍부하고 소화율도 높은 영양음료이다. 두유의 제조는 침지, 마쇄, 분리(비지), 가열, 탈취, 균질화, 냉각, 충진, 밀봉과정을 거친다. 마쇄 과정에서 생성되는 콩비린내는 효소 리폭시게네이스에 의한 것으로 100℃에서 3~5분간의 가열과정을 통해 불활성화된다. 가열 중 넘치는 경우 식물성유를 2~3방울 떨어뜨리면 소포제 역할을 하는데 이는 표면장력이 저하되어 거품이 가라앉는 원리를 이용한 것이다. 가열 후 압착기로 비지와 두유를 분리하고 조두유의 단백질 농도를 조절하기 위해 물을 가하고 설탕, 비타민 등을 첨가한 후 고압 살균, 탈취 등의 과정을 거쳐 제품화한다.

그 외의 가공품으로는 대두단백커드, 분리대두단백, 인조육 등이 있어 두류 가공품은 일상생활에서 다양한 형태로 이용되고 있다.

3) 장류

장류는 콩을 이용한 대표적 발효식품으로 우리나라에서 주로 사용되는 장류로는 간장, 된장, 고추장, 청국장 등이 있다.

코지는 쌀, 보리 등의 곡류 및 두류에 코지균(*Aspergillus*속)을 번식시켜 이 균이 분비하는 아밀레이스, 프로테이스 등의 효소를 이용할 수 있도록 만든 장류 제조의 중간 가공원료이다. 즉 코지 사용의 가장 주된 목적은 아밀레이스, 프로테이스 등의 효소를 생성하기 위한 것이다. 간장 제조에 사용되는 메주는 콩에 밀가루를 볶아 섞어서 황국균을 번식시킨 코지이다.

　간장의 맛과 향은 콩과 밀가루 함량에 따라 달라진다. 밀을 볶아 첨가하면 간장에 향을 주고 색을 좋게 하며, 밀전분을 호화시켜 코지균의 번식을 좋게 한다. 또한 볶은 밀에는 수분이 없으므로 찐 콩의 수분을 흡수, 조절할 수 있다. 간장제조용으로 사용하는 코지는 여러 가지 효소를 생산하나 단백질분해가 더 중요하므로 프로테이스를 많이 생성하는 것이 좋다.

표 8-4　코지균의 종류 및 용도

코지균 종류	용도
Aspergillus oryzae, 황국균	청주, 간장과 된장의 제조
Aspergillus sojae, 황국균	간장, 개량식 메주, 발효사료 제조
Aspergillus niger, 흑국균	구연산, 글루콘산 등의 발효생산이나 소주 생산
Aspergillus awamori, 흑국균	일본 소주 제조
Aspergillus kawachii, 백국균	약주, 탁주 제조

　코지는 특유의 향과 맛을 가지고 있으며 마른 밥알과 같이 단단하지는 않지만 손으로 집었을 때 탄력성이 있고 놓으면 흐트러지는 것이 좋다. 균사가 깊고 고르게 잘 번식한 것이 좋은 코지이다.

　종국은 순수하게 배양한 코지균을 쌀에 번식시켜 포자를 많이 만들게 한 것이다. 종국은 쌀알이 충분히 건조되어 단단하며 선황록색을 띠고 포자가 많으며 특유의 향과 약간의 단맛을 가진 것이 좋다. 국실 및 국실기구는 포르말린 살균을 실시하고, 아황산을 태워 하루 정도 가스로 처리한 후(유황훈증) 충분히 환기시킨다. 종국을 제조할 때 재를 섞는 공정이 있는데 그 목적은 다음과 같다.

표 8-5　종국 제조 시 재 혼합의 목적

코지균에 인산칼슘 등의 무기영양분을 부여
알칼리성이므로 코지균 이외의 유해미생물 발육 저해
포자 생성에 적당한 pH 유지
쌀알이 서로 부착하는 것 방지

① 간장

간장은 콩을 주원료로 하여 밀, 쌀 등의 삶은 곡류에 코지균을 배양하여 당화하고, 소금을 넣어 발효, 숙성시켜 만든다. 간장은 사용하는 원료의 종류와 제조방식에 따라 재래식간장, 양조간장, 산분해간장, 효소분해간장, 혼합간장 등으로 분류된다.

표 8-6 간장의 종류와 특성

종류	특성
재래식간장 (한식간장)	메주를 원료로 하여 소금물 등을 혼합하여 발효, 숙성시킨 후 그 여과액을 가공한 것이다.
양조간장 (개량간장)	대두, 탈지대두, 보리 또는 쌀 등을 제국하여 소금물 등을 혼합하고 발효, 숙성시킨 후 그 여과액을 가공한 것이다.
산분해간장 (아미노산간장)	단백질 또는 탄수화물을 함유한 원료를 염산(18%)으로 산가수분해한 후 NaOH, Na_2CO_3 등으로 중화하여 얻은 여과액을 가공한 것이다. 숙성과정이 없으며, 중화조건은 pH 4.5, 60℃ 이하의 온도에서 하며 쓴맛이 생성된다. 탈지대두박에 함유된 핵산과 염산이 반응한 물질인 MCPD(3-monochloro-1,2-propandiol)가 생성되며 환경호르몬 의심물질로 인체에 영향을 미친다.
효소분해간장	단백질이나 탄수화물을 함유한 원료를 효소로 가수분해한 후 그 여과액을 가공한 것이다.
혼합간장	산분해간장과 양조간장의 장단점을 서로 보완하여 만든 것으로 일반적 혼합비율은 5:5 또는 6:4로 혼합하여 숙성한 후 여과, 살균한 것이다.

간장은 원료배합에 따라 품질이 달라지는데 콩이 밀에 비하여 너무 많이 배합되면 구수한맛과 풍미가 증가하나 향이 저하된다. 반대로 밀을 많이 사용하면 발효가 잘 일어나 단맛과 향이 증가하나 구수한맛이 감소된다. 소금의 배합율이 높으면 간장 덧의 발효가 억제되며, 소금물의 농도가 낮으면 숙성속도가 빨라져 발효가 빨라지나 신맛이 증가하는 단점이 있다.

간장제조 공정 중 간장 덧을 교반하는 주목적은 간장 덧을 위아래로 고르게 혼합하여 숙성작용이 고르게 일어나게 하고, 코지의 효소용출을 촉진하여 원료분해를 빠르게 하며, 간장 덧에 생긴 이산화탄소를 제거하여 효모 및 세균 증식과 발효를 조장시키는 데 있다.

또한 간장제조 공정 중 달이기의 목적은 살균으로 저장성을 향상시키고, 메일러드 반응에 의해 간장 색을 나타나게 하며, 분해되지 않고 용해되어 있는 단백질을 가열, 응고시켜 청징하는 데 있다. 간장을 저장하는 중에 곰팡이와 같은 흰색의 피막이 형성되는 경우가 있는데 이 피막은 산막효모에 의한 것으로 그 원인은 다양하다.

표 8-7 🍶🍶🍶 간장 제조 시 산막효모에 의한 피막 형성의 원인

소금의 함량이 적을 때
간장 농도가 희박할 때
간장 달이는 온도가 낮을 때
당분이 너무 많을 때
숙성이 불충분할 때
공장과 사용기구, 저장용기 등이 불결할 때

② 된장

된장은 한국의 대표식품으로 최근 항암효과가 밝혀지면서 관심과 가치가 높아지고 있다. 예로부터 된장은 간장을 뜨고 남은 건더기를 이용하였으나 요즈음은 간장과 된장을 별도로 만든다. 된장은 원료에 따라 쌀된장, 보리된장, 콩된장 등으로 구분한다. 된장 제조 시 원료의 담금 비율에 따라 된장의 품질변화가 다양하게 일어나는데, 예를 들어 쌀과 보리쌀의 양이 많으면 숙성속도가 빠르고 단맛이 강하며 색이 희게 되는 경향이 있고, 콩의 양이 많으면 단백질량이 많아져 구수한 맛이 많아지고 빛깔이 진해져 색감이 좋아지나 코지양이 적어지게 되므로 숙성이 늦고 단맛이 감소한다. 소금 배합량이 많으면 저장성이 높아지나 숙성이 늦어지므로 적절한 배합이 필요하다. 된장의 숙성은 된장 중의 코지균과 효모, 세균 등의 상호작용에 의한 것으로 그 변화는 느리게 나타난다. 숙성 중 원료에 함유된 전분과 단백질 등의 변화에 의해 된장의 맛과 향이 생성된다.

표 8-8 🍶🍶🍶 된장 숙성 중 변화

전분: 코지균의 아밀레이스에 의해 덱스트린 및 당으로 분해되어 단맛을 생성하며, 당은 알코올발효에 의해 알코올 생성 및 일부 세균에 의해 유기산을 생성한다. 알코올 및 유기산 등의 결합으로 에스테르가 생성되어 된장의 향을 부여한다.
단백질: 코지균의 프로테이스에 의해 아미노산으로 분해되어 구수한맛을 부여한다.
숙성 중 일어나는 반응은 당화작용, 알코올발효, 단백질분해반응이 있다.

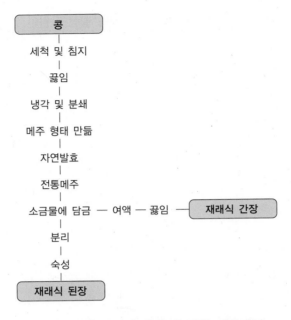

[그림 8-1] 재래식 된장 및 간장 제조과정

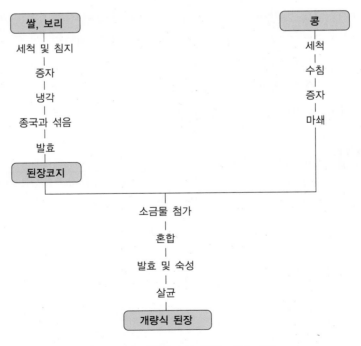

[그림 8-2] 개량식 된장 제조과정

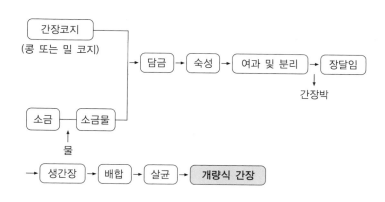

[그림 8-3] 개량식 간장 제조과정

③ 고추장과 청국장

고추장은 단맛, 구수한맛, 짠맛, 매운맛 등이 잘 조화된 우리나라의 독특한 장류로 전분질의 원료에 따라 쌀고추장, 보리고추장, 밀고추장으로 분류되며, 가장 많이 사용되는 것은 쌀고추장이다. 재래식은 메줏가루에 찹쌀밥, 또는 되게 쑨 찹쌀죽을 버무리고 고춧가루, 소금으로 간을 맞춘 후 숙성시킨 것으로 숙성 중 탄수화물에 의해 생성되는 단맛과 단백질에 의한 구수한맛, 고춧가루의 매운맛, 소금의 짠맛이 어우러진 것으로 고추장 담금 재료의 분량과 담금 방법에 따라 맛이 조금씩 다르다.

청국장은 콩을 삶아 고초균(*Bacillus subtilis*)을 번식시켜 콩의 단백질을 분해시키고 마늘, 파, 고춧가루, 소금 등을 가미시킨 것으로 소화가 잘 되고 특수한 풍미를 가진 영양식품으로 가을에서 이른 봄까지 많이 사용되는 장류이며, 최근에는 혈전용해 등의 생리활성이 밝혀져 건강식품으로 주목받고 있다. 청국장가루 등으로 가공하여 우유나 두유에 타서 음료처럼 먹기도 한다.

(3) 팥, 녹두 및 완두

팥은 탄수화물의 35% 정도가 전분이고 지방함량은 낮다. 단백질은 약 19% 함유되어 있으며 리신 함량이 높다. 팥의 껍질 부위에는 사포닌이 함유되어 있어 설사를 유발하므로 처음 삶은 물은 버려 사포닌을 일부 제거한 후 다시 물을 부어 삶아 내어 다음 조리에 사용한다. 팥의 표피에는 시아닌 배당체가 함유되어 있어 아린맛이 있다. 팥은 그대로 잡곡밥에 넣어 섭취하나 주로 생팥소를 만들어 양갱을 제조하거나 단팥죽의 재료로 사용한다. 팥에 물을 충분히 부어 가열하여 손으로 만졌을 때 쉽게 문드러질 때까지 가열하고, 방망이로 찧어 으깬 팥에 물을 넣어 저어준 후 체에 걸러서 팥 껍질과 즙액을 분리한다. 분리한 즙액의 윗물을 따라버리고, 침전물을 면자루에 넣어 수분이 60~65%가 되도록 세게 짜서 생팥소를 만든다. 생팥소는 설탕과 함께 넣어 가열하여 팥소를 만들어 과자, 떡 등의 소로 사용한다. 팥소(완두소)의 원료는 팥, 완두와 같이 전분이 많으며 단백질 함량이 적당히 함유된 것이 좋다. 팥소 제조 시 중조(0.02%)를 첨가할 경우가 있는데 이유는 팥의 팽화를 촉진시켜 껍질 파괴를 용이하게 하고 소의 착색을 돕기 때문이며, 가열 시 찬물을 넣어 주는 이유는 팥 외피의 파괴와 전분의 추출을 용이하게 하고 삶은 팥을 부드럽게 하기 때문이다. 양갱은 한천, 생팥소, 설탕을 녹여 굳힌 것으로 부재료에 따라 다양한 색과 맛을 가진 양갱을 만들 수 있다. 양갱을 제조할 때 소를 첨가하고 교반을 심하게 하면 양갱이 완성된 후 광택이 저하되므로 심하게 교반하지 않도록 주의해야 한다.

녹두의 주성분은 탄수화물이 약 62%로 대부분이 전분이고, 단백질 함량은 22.3% 정도이다. 특유의 향미가 있어 비교적 고급 식품의 재료에 속하며, 청포묵, 빈대떡, 숙주나물, 녹두죽, 녹두전분 등을 만드는 데 이용된다. 특히 녹두를 발아시킨 숙주나물은 녹두에 비해 비타민 A는 2배, 비타민 C는 40배 정도 많다.

완두는 단단한 꼬투리를 가진 덩굴형이 재배되고 있으며 미성숙한 것은 통조림용으로 이용한다. 통조림 제조 시 녹색유지를 위해 첨가하는 황산구리에 의해 비타민 C가 대부분 파괴된다. 깍지를 깐 후 완두는 밥에 넣어 먹거나 전분을 내어 제빵의 고물이나 완두양갱 등을 만드는 데 이용한다. 동부는 팥 정도의 크기로 백색, 갈색, 흑색 등 다양한 색을 나타낸다. 주로 밥에 넣어 먹기도 하고 떡고물에 이용되며, 삶아서 송편의 속으로 사용하거나 전분을 내어 묵을 만들기도 한다.

2. 두류 가공제품 제조방법

(1) 콩나물(숙주나물)

1) 재료 및 기구

- 재료: 대두 또는 녹두 500g
- 기구: 통(배수구멍이 있는 것) 또는 시루, 볼, 체, 보온재

2) 제조방법

① 선별 및 세척: 대두는 수확 후 8개월 이내의 것이 좋고, 녹두는 14~15개월 이내의 것이 좋다. 상처가 있거나 불결한 것을 골라낸 후 콩(또는 녹두) 껍질이 상처 나지 않도록 조심스럽게 손으로 교반하면서 씻는다.

② 온수 침지: 통에 콩을 넣고 60℃의 온수를 콩의 2.5배 정도 넣어 식지 않도록 보온재로 싸둔다. 콩이 충분히 물을 흡수하여 입자크기가 약 2배 정도 될 때까지 침지하며, 일반적으로 4~5시간 걸린다.

③ 배수 및 보온: 콩이 물을 충분히 흡수하면 통의 배수구로부터 물을 모두 빼내고 보온재로 싸서 4~5시간 보온하여 둔다.

④ 물주기: 4~5시간 후 온수(25~32℃)를 콩이 적셔지도록 넣고 약 20분 그대로 둔다. 그 후 배수하여 다시 보온해 둔다. 이 물주기 과정을 1일 3~4회 반복한다(콩은 4~5회, 녹두는 2~3회). 2~3일 지나면 싹이 나와 2~4cm 정도 자란다. 싹이 그 이상 자라면 25℃의 온수로 물을 준다.

⑤ 수확: 대두는 4~5일에 싹이 9~10cm, 녹두는 5cm 정도 자란다. 이때가 가장 먹기 좋은 때이다.

(2) 두부

1) 재료 및 기구

- 재료: 대두 300g, 응고제(대두의 2~4%), 물(대두 중량의 9~10배), 식용유
- 기구: 마쇄기, 솥, 온도계, 면자루, 두부 틀, 여과천, 면포

2) 제조방법

① 세척 및 침지: 분량의 대두를 깨끗이 씻고, 겨울에는 24시간, 봄가을에는 12~15시간, 여름에는 6~8시간 물에 담근다. 중량으로 원료 대두의 약 2.2~2.3배가 된다.

② 마쇄: 콩을 건져내어 믹서에 넣고 분량의 물 중 콩이 잠길 만큼의 물을 넣고 곱게 갈아낸다.

③ 가열: 마쇄하여 생성된 두미와 남은 물을 솥에 넣고 가열하여 단백질을 충분히 용해시킨다. 두미 분량에 따라 다르지만 보통 100℃에서 10분 정도 끓인다. 이때 넘치지 않게 주의하고 저어주면서 가열한다. 거품이 나면 소포제로 식용유를 몇 방울 가하여 거품이 가라앉게 한다. 가열에 의해 가용성성분의 용출을 용이하게 하고 살균작용을 하며, 소화억제 물질의 불활성화 및 날콩 냄새를 제거할 수 있다.

④ 착즙: 식기 전에 가열한 두미를 목면자루에 넣어 압착하여 두유와 비지를 분리한다. 자루에 남은 비지는 다시 소량의 물을 가하여 가열한 후 압착하여 처음의 두유와 합친다.

⑤ 가열 및 응고: 두유를 가열하여 80~90℃(첨가하는 응고제의 종류에 따라 차이가 있음)가 되면 응고제를 100mL 온수에 현탁시켜 2~3회 나누어 가하면서 천천히 교반시킨 후 그대로 둔다. 단백질이 응고되어 침전물이 생기면서 그 사이로 맑은 물이 중간중간 생긴다. 이것이 순두부이다.

⑥ 압착 및 성형: 순두부가 식기 전에 여과천을 깐 두부 틀에 옮겨 물이 빠지면 면포를 덮고 판을 올려놓아 모양이 성형되도록 압착한다.

⑦ 간수 빼기: 물이 빠져 모양이 형성되면 일정한 꼴로 잘라서 물속에 2~3시간 담가 결합되지 않은 여분의 응고제를 제거한다.

두부는 질이 치밀하고 부드러워야 한다. 원료 콩의 약 4.5배 정도의 두부를 얻을 수 있다. 대두는 단백질 함량이 많고 신선한 것을 사용하고, 응고제는 $MgCl_2$, $CaCl_2$, 또는 GDL(glucono-δ-lacton)을 사용한다.

(3) 간장과 된장(재래식)

1) 재료 및 기구

- 재료: 대두 7kg, 소금물(소금 6kg, 물 15L), 말린 붉은 고추 5개, 참숯 3덩이
- 기구: 소쿠리, 넓은 그릇, 체, 솥, 항아리, 절구, 보온재

2) 제조방법

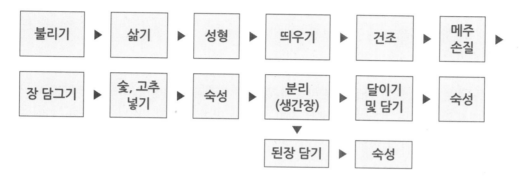

① 불리기: 대두를 물에 10시간 이상 불린다.

② 삶기: 불린 대두를 손으로 만졌을 때 뭉그러질 정도로 푹 삶아낸 후 약한 불에서 뜸을 들여 충분히 물러지게 익혀낸다.

③ 성형: 익혀낸 콩을 절구에 곱게 찧어 네모난 덩어리로 뭉친다.

④ 띄우기: 모양이 흐트러지지 않도록 잘 간수하면서 말리고 따뜻한 곳에 보온재를 씌워 뽀얗게 띄운다.

⑤ 건조: 메주가 금이 가기 시작하면 짚으로 묶어 27~28℃의 온도에 2주 정도 다시 건조시킨다.

⑥ 메주 손질: 메주가 잘 마르면 솔로 곰팡이 등의 불순물을 잘 털어내고 다시 한 번 더 말린다. 이때 물에 솔로 가볍게 씻어내기도 한다.

⑦ 장 담그기: 손질한 메주를 항아리에 차곡차곡 넣고 소금물을 만들어 메주가 자박자박하게 잠길 정도로 붓는다. 소금물 농도는 달걀을 넣었을 때 달걀 표면이 직경 3cm 정도 소금물 위로 떠오르면 알맞다. 담그는 계절에 따라 소금의 양이 달라진다.

⑧ 숯, 고추 넣기: 3일 정도 지나면 간장의 군냄새를 제거하고 세균의 번식을 방지하기 위해 숯덩어리와 말린 붉은 고추를 넣는다.

⑨ 숙성: 항아리 입구에 망사 천을 씌워 햇빛이 잘 드는 곳에 놓고 아침에는 뚜껑을 열고 밤에는 닫으면서 숙성시킨다.

⑩ 분리(생간장): 2~3개월 지난 뒤 소쿠리를 큰 그릇에 걸쳐 놓고 생간장을 거른다.

⑪ 달이기 및 담기: 위의 거른 생간장을 솥에 담아 달인다. 달이기는 간장의 변질 방지 및 간장색을 내기 위함이 목적으로 위에 떠오르는 거품은 걷어 내면서 불을 약하게 하여 천천히 달인 후 항아리에 붓는다.

⑫ 숙성: 햇빛이 잘 드는 곳에 보관한다.

⑬ 된장 담기: 간장을 거르고 남은 건더기가 바로 된장이다. 항아리에 꼭꼭 눌러 담고 뚜껑을 덮는다.

⑭ 숙성: 햇빛이 잘 드는 곳에 보관한다.

재래식 간장은 청장과 진장이 있다. 청장은 그해 담근 것으로 메주에 비해 소금물의 양이 많은 맑은 색의 묽은 간장을 말하는데 염도는 시판되는 진간장보다 높아 약 20% 정도이다. 진장은 청장을 여러 해 묵혀서 점차 색깔과 맛이 진해진 간장을 말한다. 간장 담그는 시기에 따라 소금의 분량이 달라지는데 음력으로 정월장은 물 20L와 소금 3.6kg, 2월장은 물 20L와 소금 4.8kg, 3월장은 물 20L와 소금 6kg를 사용한다.

(4) 고추장

1) 재료 및 기구

- 재료: 전분질 원료 2kg(멥쌀, 찹쌀, 보리, 밀), 엿기름가루 500g, 고춧가루 500g
    소금 500g, 메줏가루 200g
- 기구: 분쇄기, 발효기, 솥

2) 제조방법

① 침지 및 분쇄: 멥쌀이나 찹쌀 등 전분질 원료를 물에 5시간 정도 담갔다가 물을 제거
   하고 곱게 빻는다.
② 가열 및 호화: 솥에 위의 가루와 2~3배가량의 물을 부어 잘 혼합한 후 저어주면서 가
   열하여 호화시킨다.
③ 엿기름 혼합 및 당화: 70℃로 식으면 분량의 엿기름가루를 넣어 고루 섞은 후 60℃에
   서 5시간 동안 당화시킨다.
④ 혼합 및 숙성: 분량의 고춧가루와 소금, 메줏가루를 넣어 고루 섞고 30℃ 이하의 온
   도를 유지하며 1개월간 숙성시킨다.

(5) 청국장

1) 재료 및 기구

- 재료: 대두 1kg, 소금 20g, 마늘 10g, 고춧가루 10g
- 기구: 냄비, 솥, 짚, 비닐, 볼, 체, 절구

2) 제조방법

① 세척 및 침수: 대두를 씻어서 봄, 가을에는 8~15시간, 여름에는 6~10시간, 겨울에는 16~20시간 물에 불린다. 중량으로 원료 대두의 약 2.2~2.3배가 되도록 한다.

② 삶기: 불린 대두를 손으로 만졌을 때 뭉그러질 정도로 푹 삶아낸 후 물을 제거한다.

③ 발효

- 납두균발효법: 순수 배양한 납두균을 끓여 식힌 멸균수에 희석하여 삶은 콩에 잘 섞는다. 용기에 넣어 40~45℃의 배양기에서 16~20시간 발효시킨다. 이때 습도를 조절하기 위해 배양기에 물을 담은 접시를 넣어둔다.
- 볏짚발효법: 용기에 삶은 대두를 볏짚으로 싸서 넣고 따뜻한 방바닥에 놓은 후 그 위에 비닐을 덮고 다시 이불을 덮어 준다. 이때의 품온은 42~45℃ 정도이며 이 상태에서 2~3일 발효시킨다. 끈끈한 점질물이 생기면 발효를 끝낸다.

④ 마쇄 및 성형: 발효가 끝난 후 분량의 소금, 마늘, 고춧가루를 넣고 절구에 넣어 마쇄하면서 고루 혼합한 후 동글납작하게 성형한다.

⑤ 저장: 포장 후 냉각시킨다. 오래 저장하려면 냉동실에 넣어 저장한다.

(6) 생소

1) 재료 및 기구

- 재료: 팥 1kg
- 기구: 냄비, 체, 절구, 방망이, 면자루

2) 제조방법

① 세척 및 침수: 팥을 물에 잘 씻어 물에 12~13시간 침수시키면서 2번 정도 물을 갈아 주고 체에 밭쳐 물을 제거한다.

② 삶기: 냄비에 팥을 넣고 물을 충분히 부어 세게 가열하여 끓으면 팥을 체에 걸러 끓여 낸 즙액을 버린다. 다시 냄비에 팥과 물을 넣고 손으로 만졌을 때 쉽게 문드러질 때 까지 가열한다.

③ 으깨기: 삶은 팥을 방망이로 찧어서 으깬다.

④ 껍질 및 즙액 분리: 으깬 팥에 물을 넣어 저어준 후 체눈이 2mm 정도 되는 체에 걸 러서 팥 껍질과 즙액을 분리한다. 이 과정을 두세 번 반복한다.

⑤ 짜기: 즙액의 윗물을 따라 버리고, 침전물을 면자루에 넣어 수분이 60~65%가 되도 록 세게 짜서 생소를 만든다. 팥 중량의 약 1.2배의 생소를 얻는다.

(7) 양갱

1) 재료 및 기구

- 재료: 생소 500g, 설탕 700g, 한천(또는 분말 한천) 30g, 물 1L, 소금 1.5g~3g
- 기구: 냄비, 사각용기, 포장지, 나무주걱, 체

2) 제조방법

침지 ▶ 가열 및 용해 ▶ 가당 및 가열 ▶ 혼합 및 졸이기 ▶ 냉각 ▶ 포장

① 침지: 한천을 물에 넣어 하룻밤 담가둔다. 분말 한천을 사용할 경우에는 분량의 물에 1시간 정도 침지 시킨 후 그대로 가열한다.

② 가열 및 용해: 불린 한천을 물기를 짜고 잘게 썰어 냄비에 담는다. 분량의 물을 넣어 약한 불에서 저어가면서 가열하여 완전히 녹인다.

③ 가당 및 가열: 한천 녹이기가 끝나면 설탕, 소금을 넣고 저어주면서 강한 불로 끓인다. 용해되지 않는 한천이 있을 경우에는 체를 이용하여 여과한다.

④ 혼합 및 졸이기: 생소를 넣어 잘 혼합한 후 저으면서 세게 가열하여 20~30분간 졸인다.

⑤ 냉각: 작은 거품이 없어지며 큰 거품이 생기고 죽 모양이 되면, 사각 용기에 부어 온도가 낮은 곳에서 냉각시킨다.

⑥ 포장: 완전히 굳어진 양갱을 일정한 크기로 잘라 셀로판지로 포장한다.

(8) 녹두전분

1) 재료 및 기구

- 재료: 녹두 1kg
- 기구: 볼, 믹서, 면자루, 분마기, 체

2) 제조방법

세척 및 불리기 ▶ 박피 및 갈기 ▶ 전분액 ▶ 정치 및 물 갈기 ▶ 전분 분리 및 건조 ▶ 갈기 및 체 내리기

① 세척 및 불리기: 깨끗이 씻은 녹두를 물에 충분히 불린다.

② 박피 및 갈기: 불린 녹두의 껍질을 깨끗이 제거한 후 믹서에 넣고 잠길 만큼의 물을 부어 곱게 간다. 이를 두미라고 한다.

③ 전분액: 두미를 면자루에 넣어 물속에서 주물러 전분이 빠져나오게 하고 이 전분액을 1~2시간 정도 정치시킨다. 이때 전분액이 완전히 빠져 나올 때까지 물속에서 주물러 주어야 전분이 많이 채취된다.

④ 정치 및 물 갈기: 전분이 가라앉으면 윗물을 조심스럽게 따라 버리고 침전물에 물을 부어 고루 저어 준 다음 다시 가라앉힌다. 윗물의 색이 없어질 때까지 이 과정을 3~4번 반복한다.

⑤ 전분 분리 및 건조: 윗물이 맑아지면 물을 따라 버리고, 가라앉은 전분을 분리하여 건조기에서 말린다.

⑥ 갈기 및 체 내리기: 분마기에 곱게 갈아 체에 내린다.

식품가공저장학

CHAPTER 09

견과류 및 종실류 가공

1. 견과류 및 종실류 가공특성

견과류는 호두, 땅콩, 잣, 캐슈, 아몬드 등이 있으며 불포화지방산이 풍부한 지방과 질이 우수한 단백질이 포함되어 있다. 호두는 속껍질을 제거하여 사용하는 것이 좋은데 떫은맛이 있기 때문이다. 속껍질을 벗길 때는 뜨거운 식초물에 잠시 담갔다가 이쑤시개 등을 이용하여 벗겨내면 된다. 호두는 그대로 섭취해도 되며, 살짝 볶은 뒤 당액으로 처리한 호두 정과는 별미로 섭취할 수 있다.

땅콩은 볶거나 삶아서 먹기도 하지만 땅콩버터(peanut butter)를 만들어 빵에 발라 먹거나 월남쌈 등의 소스 등으로 이용하기도 한다. 땅콩버터는 땅콩을 볶아 마쇄한 것으로 비타민 B_1, 니아신, 단백질 함량이 많고 시스틴, 트립토판 등은 적으나 전반적으로 아미노산 조성이 좋다. 땅콩을 분쇄하는 정도에 따라 맛과 질감이 다양한 제품을 만들 수 있다. 또한 땅콩버터를 원료로 하여 고소하고 달콤한 땅콩 크림으로 가공하기도 한다.

잣은 불포화지방산이 많으므로 냉동보관하면서 사용해야 한다. 고깔을 떼어낸 후 그대로 사용하거나 반으로 갈라 비늘잣을 만들어 떡, 약과 등의 장식에 이용한다. 잣을 한지에 놓고 곱게 다진 잣가루는 산적 등의 고명으로 사용하며 잣을 얹어 내면 더 고급스럽게 보인다.

종실류에는 참깨, 들깨, 해바라기씨, 호박씨 등이 있으며 이들에도 불포화지방산이 풍부하여 건강식품으로 주목받고 있다. 이들을 이용한 가공식품에는 버터, 잼, 강정 등 다양한 종류가 있으며 오래 저장하면서 먹는 것보다 필요할 때마다 믹서에 곱게 갈아 내어 사용하면 더 좋다.

2. 견과류 및 종실류 가공제품 제조방법

(1) 땅콩버터

1) 재료 및 기구

- 재료: 땅콩 1kg, 소금 20g, 올리브유
- 기구: 마쇄기(초퍼), 병

2) 제조방법

① 볶기: 땅콩을 볶는 공정은 땅콩버터 제조 중에서 가장 중요한 공정이다. 볶을 때 온도는 200~250℃에서 60분간 볶는다. 일반적으로 고온에서 빨리 볶는 경향이 있으나 저온에서 오래 볶는 것이 제품의 질을 좋게 한다.

② 내피 제거: 볶음이 끝나면 빨리 냉각시켜 잘 비벼서 내피를 벗긴다. 내피가 남아 있으면 제품의 색, 맛이 나빠진다.

③ 마쇄: 볶은 땅콩을 마쇄기에 넣고 곱게 갈아 낸다. 이때 마쇄기가 잘 돌아가지 않으면 올리브유를 조금씩 넣어 주면서 갈아 낸다. 첨가되는 올리브유는 30g이 넘지 않도록 한다.

④ 소금 첨가: 마쇄가 끝나면 소금으로 간을 한다. 소금은 맛과 동시에 저장성을 갖게 하는 효과가 있다.

⑤ 담기: 병에 담아 서늘한 곳에 저장한다.

캐슈, 아몬드 등의 견과류도 같은 방법으로 버터를 만든다.

땅콩크림(peanut cream)은 땅콩버터 100g에 설탕 50g, 물엿 60g, 소금 1g, 물 70mL 가하여 70~80℃로 가열·농축하면 된다.

(2) 종실류 버터

1) 재료 및 기구

- 재료: 종실(참깨, 흑임자, 들깨, 호박씨, 해바라기씨 등) 200g, 올리브유, 소금 2g
  꿀 70g
- 기구: 마쇄기, 병, 계량컵

2) 제조방법

① 볶기: 참깨, 흑임자, 들깨는 깨끗이 씻어 일어 체에 밭쳐 물기를 뺀 후 타지 않게 주걱
  으로 저어주면서 볶는다. 호박씨, 해바라기씨는 씻어서 표면의 물기가 건조될 정도로
  만 볶는다.
② 마쇄: 준비한 종실을 마쇄기에 넣고 곱게 갈아낸다. 이때 마쇄기가 잘 돌아가지 않으
  면 올리브유를 조금씩 넣어 주면서 갈아 낸다. 첨가되는 올리브유는 20g이 넘지 않
  도록 한다.
③ 소금, 꿀 첨가: 소금을 첨가하고 기호에 따라 꿀을 넣기도 한다.
④ 담기: 병에 담아 서늘한 곳에 보관한다.

(3) 캐슈 마요네즈

1) 재료 및 기구

- 재료: 생캐슈 500g, 끓인 물 750mL, 올리브유 70g, 레몬즙 120g, 꿀 조금(기호에 따라 가감), 소금 3g, 알뜰주걱
- 기구: 믹서, 병

2) 제조방법

① 갈기: 믹서에 깨끗이 씻어 물기를 제거한 생캐슈와 분량의 끓인 물을 넣고 곱게 간다.
② 혼합: 올리브유, 레몬즙, 꿀, 소금을 넣고 잘 혼합한 후 병에 담는다.

(4) 밤당과

1) 재료 및 기구

- 재료: 밤 3kg, 당액(당은 설탕과 포도당을 2:1 비율로 혼합 후 물을 넣어 30, 40, 50, 60, 70%로 만든 당액), 바닐라 에센스 1mL, 치자 5g
- 기구: 냄비, 볼, 당도계, 체, 밤 껍질 깎는 기구, 면자루, 병

2) 제조방법

① 박피 및 데치기: 밤의 겉껍질을 벗기고 끓는 물에 데치기 한 후 1~2회 물을 갈아 준다.

② 침지 및 방치: 깨끗한 물을 부어 하룻밤 둔다.

③ 박피(속껍질): 칼로 속껍질을 제거하고 물에 담가 놓는다.

④ 삶기: 밤을 체에 밭쳐 물기를 제거하고 면자루에 담아 냄비에 넣은 후 밤의 중심부까지 열이 침투되도록 삶는다. 이때 치자를 넣어주면 노란색으로 착색된다.

⑤ 당액 침지 및 방치: 30%의 뜨거운 당액을 붓고 하룻밤 방치한다. 다음날 당액을 40%로 만들어 붓는 식으로 하면서 70% 당액까지 침투시킨다.

⑥ 향미료 첨가: 당액을 가할 때 바닐라 에센스를 가하여 침투시킨다.

⑦ 가열 및 당액 침수: 당으로 절인 밤을 80℃로 가열한 후 115℃의 당액에 1~2분간 넣어둔다.

⑧ 건조: 위의 밤을 한 개씩 건져내어 겉에 묻은 당액을 최소화한 후 건조시킨다.

(5) 밤양갱

1) 재료 및 기구

- 재료: 밤 1kg, 한천(또는 분말 한천) 15g, 물 500g, 조청 300g, 다진 땅콩 50g, 소금 3g
- 기구: 냄비, 체, 사각용기, 계량컵, 계량스푼

2) 제조방법

① 침지 및 다지기: 한천을 찬물에 5~6시간 정도 침지시킨 후 건져 물기를 가볍게 짜내어 곱게 다진다. 분말 한천을 사용할 경우에는 30분~1시간 정도만 물에 담가도 된다.

② 밤 앙금 만들기: 밤은 푹 삶아 낸 후 밤 속을 체에 내려 덩어리가 없게 한다.

③ 한천 가열 및 용해: 냄비에 분량의 물과 준비한 한천을 넣고 약한 불로 한천이 완전히 용해되어 물처럼 투명하게 될 때까지 저어가면서 가열한다.

④ 조청, 소금 넣기: 한천 용액에 조청, 소금을 넣고 잘 용해시킨다. 용해되지 않는 한천이 있을 경우에는 체를 이용하여 여과한다

⑤ 밤 앙금 넣기: 밤 앙금을 위의 한천 용액에 넣어 멍울 없이 잘 풀어 준다.

⑥ 가열: 고루 잘 저어주면서 강한 불로 가열한다. 작은 거품이 없어지고 큰 거품이 되어 죽 모양이 되면 굵게 다진 땅콩을 넣고 잘 섞어 준다.

⑦ 냉각: 사각 용기에 부어 온도가 낮은 곳에서 냉각시킨다.

⑧ 성형: 완전히 고형화되어 용기에서 분리되면 예쁜 모양으로 잘라낸다.

(6) 들깨호박씨강정

1) 재료 및 기구

- 재료: 들깨와 호박씨 혼합(약 5:1) 500g, 조청 250g, 황설탕 50g, 참기름 10g
- 기구: 냄비, 볼, 체, 프라이팬, 도마, 밀대

2) 제조방법

세척 및 볶기 ▶ 재료 혼합 ▶ 농축 ▶ 혼합 ▶ 자르기

① 세척 및 볶기: 들깨는 깨끗이 씻어 체에 밭쳐 물기를 뺀 후 중불에서 물기가 건조될 정도로만 볶아 놓는다. 들깨를 볶을 때 태우지 않도록 주의한다.
② 재료 혼합: 호박씨는 깨끗이 손질한 후 들깨와 5:1 비율로 혼합한다.
③ 농축: 냄비에 분량의 조청, 황설탕, 식용유를 넣고 약한 불에서 작은 거품이 생기면서 걸쭉해질 때까지 저어가며 농축한다.
④ 혼합: 위의 농축액에 들깨와 호박씨를 넣고 한 덩어리가 되도록 재빨리 혼합한다.
⑤ 자르기: 도마 위에 참기름을 가볍게 발라 주고 위의 것을 놓은 후 식기 전에 기름을 묻힌 밀대로 밀어 4~5mm 두께로 평평하게 한다. 완전히 굳기 전에 적당한 크기로 잘라 낸다.

CHAPTER 10

축산물 가공

1. 축산물 가공특성
2. 축산물 가공제품 제조방법

1. 축산물 가공특성

(1) 식육의 조직

식육은 근육조직, 지방조직, 결합조직 외에 조리에서 제거되지 않는 지방, 혈관, 인대, 막, 연골 등을 포함한다. 식육은 부위에 따라 맛이 다르며 동물의 종류, 연령, 부위, 도살 전 영양상태 등에 따라 조성이 달라진다. 근육조직은 횡문근과 평활근으로 크게 분류하며, 횡문근에는 골격근과 심근이 있다. 평활근은 소화기관, 혈관 등 기관의 벽에 분포한다. 이 중에서 우리가 주로 식육으로 이용하고 있는 것은 골격근으로 생체량의 약 30~40%를 차지한다.

결합조직은 혈관벽 사이, 건, 인대, 가죽 등에 분포하고 근육조직의 약 20% 이상을 차지한다. 결합조직에는 콜라겐과 엘라스틴이 있다. 콜라겐(collagen)은 흰색을 띠며, 물을 붓고 가열하면 젤라틴으로 변성되어 물에 용해된다. 따라서 결합조직이 많은 고기는 습열조리에 적당하다. 엘라스틴(elastin)은 황색을 띠며, 암컷보다 수컷에 많고, 노령화함에 따라 증가한다. 엘라스틴은 가열하여도 변하지 않아 식용이 불가능하므로 먹지 않고 버리거나 조리 전에 제거한다. 육류의 지방은 피하, 장기 주위, 복강 등에 분포되어 있으며, 근육 내에 작은 백색 반점같이 산재하여 있는 것을 마블링(marbling)이라고 한다. 마블링이 잘 된 고기는 근육의 길이가 짧기 때문에 맛, 풍미, 연도, 입에 닿는 촉감 등이 좋다. 지방은 돼지고기가 양고기, 쇠고기보다 더 많으며 오리고기가 칠면조, 닭고기보다 더 많다. 뼈 조직은 동물의 연령에 따라 다르다. 어린 동물의 뼈는 연하고 분홍색이며, 성숙한 동물의 뼈는 단단하고 희다. 뼈에는 맛 성분이 있으므로 장시간 끓여 육수, 탕 등으로 사용한다.

(2) 식육의 성분과 사후강직

육류는 수분이 63~76%, 고형물은 24~37% 정도로 그 중 4/5가 단백질이다. 육류는 양질의 단백질 공급원이고 비타민 B 복합체가 풍부하며, 무기질 중에서도 특히 철의 좋은 공급원이다.

동물은 도살 후 혈액 순환이 정지되어 산소 공급이 끊어지며, 근육조직의 글리코겐은 해당과정을 거쳐 젖산을 생성한다. 보통 근육의 pH는 7.0~7.3 정도인데, 젖산 생성으로 pH 6.5 이하가 되면 에이티피 분해효소(ATPase)가 활성화되어 ATP가 신속하게 분해된다. 이때 ATP와 결합하고 있던 미오신이 액틴과 결합하여 액토미오신으로 수축되어 경직 상태가 되고 고기는 질기고 맛이 없어진다.

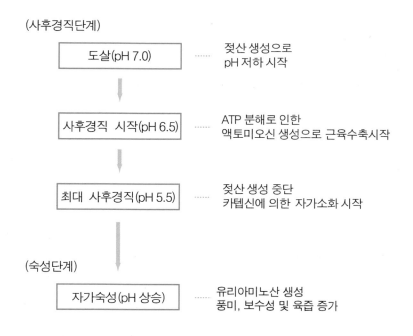

(사후경직단계)

도살(pH 7.0) ······ 젖산 생성으로
pH 저하 시작

사후경직 시작(pH 6.5) ······ ATP 분해로 인한
액토미오신 생성으로 근육수축시작

최대 사후경직(pH 5.5) ······ 젖산 생성 중단
카텝신에 의한 자가소화 시작

(숙성단계)

자가숙성(pH 상승) ······ 유리아미노산 생성
풍미, 보수성 및 육즙 증가

[그림 10-1] 육류의 사후경직과 숙성단계

　사후경직기에 육류의 보수성이 떨어지는 이유는 단백질의 수화를 방해하는 칼슘 작용을 억제하고 있던 ATP가 분해됨에 따라 그 능력을 잃게 되기 때문이다. 따라서 사후경직기가 최대일 때의 pH는 5.5이며 이때 보수성은 최소가 된다. 사후강직 속도는 동물의 종류, 나이, 영양수준, 피로 및 도살 후 근육온도에 따라 달라지며, 쇠고기는 12~24시간, 돼지고기는 8~12시간 정도의 시간이 소요된다. 경직 중의 고기는 가열하여도 연화되지 않고, 가공 시에도 수화력 감소, 결착력 저하 등의 특성 때문에 좋은 제품을 만들 수 없으므로 경직기가 지난 후의 고기를 이용해야 한다.

　근육은 최대경직이 일어난 후 서서히 경직이 풀리며 부드러워지는데 이를 사후경직해제(resolution)라고 하며 동시에 숙성(aging)이 일어난다. 숙성과정 중 단백질분해효소 카텝신(cathepsin)에 의한 자가소화(autolysis)가 일어나 저분자 펩티드 및 유리 아미노산이 생성되어 풍미가 좋아지고 보수성이 증가한다. 이는 경직 후기에 pH 상승에 의한 단백질 수화 증대, 효소작용으로 생성된 저분자 수용성 물질에 의한 삼투압 증가 등이 근육의 보수성을 높여 주는 요인으로 작용하기 때문이다. 또한 사후경직 시 분해된 ATP에 의해 생성되는 이노신모노포스페이트(inosine monophosphate, IMP)는 감칠맛을 지니며 숙성된 고기의 풍미향상에 관여한다. 숙성 시 저장온도가 높으면 숙성과 부패가 동시에 일어나므로 온도와 기간에 주의해야 한다.

(3) 정육 및 이상육

정육은 지육으로부터 뼈를 분리한 고기를 말한다. 정육율은 생체중량으로부터 나온 정육중량의 비율이다. 정육 중 발견되는 이상육은 PSE(pale soft exudative)육과 DFD(dark firm dry)육이 있다.

표 10-1 PES육과 DFD육의 특성

종류	특성
PSE육	• 육색이 창백하고 연한 적색이며, 근육조직이 탄력성이 없고, 육즙 분리로 인해 다즙성이 떨어져 품질이 저하된다. • 가공육 제조 시 결착력이 낮고 감량이 많으므로 경제적 손실이 크다. • 돈육 중 20% 정도가 발생한다. 유전적으로 돼지스트레스 증후군 유전자를 보유한 돼지나 부적절한 도축 및 가공과정 때문이다.
DFD육	• 육색이 검고 조직이 단단하다. • 건조한 외관을 나타내며 수컷 소에서 3% 정도 발생한다. • 도살 전 피로, 흥분 등의 스트레스와 근육 내 글리코겐 고갈로 근육의 pH가 높은 상태로 유지되기 때문이다.

(4) 육가공품

육가공은 원료육을 절단, 분쇄, 염지, 훈연 및 가열 등의 과정을 거쳐 가공육제품을 만드는 과정이며 종류로는 주로 햄, 베이컨, 소시지 등이 있다.

1) 햄

햄은 돼지고기의 햄(허벅지살) 부위를 염지, 훈연한 고기로 뼈가 달린 채로 만드는 본인햄, 뼈를 빼고 원통형으로 말아 만든 본리스햄과 프레스햄이 있다. 햄의 일반적 공정은 원료육 선정 및 뼈 발라내기, 정형, 염지(예비염지, 본염지), 수침, 정형, 예비건조 및 훈연, 가열 및 냉각, 포장 순으로 제조된다.

염지공정은 소금과 기타 첨가물을 혼합하여 고기에 간을 하는 것으로, 고기의 저장성을 높이고 육색소를 화학적 반응으로 고정시켜 제품의 풍미와 색을 좋게 하며, 육단백질의 용해성을 높여 보수성과 결착성을 향상시키는 가장 중요한 가공공정이다. 염지공정 중 첨가하는 재료의 종류와 특성은 다음과 같다.

표 10-2 염지재료의 종류와 특성

염지재료	특성
소금	• 염지의 필수 재료로 건염지 시 고기중량의 1~2.5% 첨가 • 방부성을 부여하고 맛을 향상시킴 • 염용성단백질 용출로 보수성과 결착성 향상 • 육가공에서 육질의 결착력과 보수성을 더 높이기 위해 폴리인산염을 사용
아질산염과 질산염	• 발색제로 색을 좋게 하고 육색의 변화를 억제하며 육색소의 안정화와 풍미 향상 • 클로스트리디움 보툴리넘균의 성장 억제 • 강력한 발암물질 니트로소아민 생성과 관련
설탕	• 풍미 향상 및 개선 • 수분건조 방지 및 연육 효과
산화방지제	• 지방이나 색소의 산화 방지
보존료	• 세균의 발육 억제
유화제	• 보수성과 유화성 향상

수침공정의 목적은 과도한 염분을 제거하고 염지제를 균일하게 분포시키며, 원료육 표면의 오염물질을 씻어내는 데 있다. 육가공에서 훈연의 주요 목적은 육제품의 독특한 풍미와 색을 부여하고, 산화억제, 기호성 및 저장성 향상에 있다. 햄의 종류와 특성은 다음과 같다.

표 10-3 햄 종류와 특성

종류	특성
본인햄(레귤러햄)	뒷다리살을 뼈가 있는 채 가공한 것이다. 주요 공정은 혈교, 염지, 수침, 훈연 공정으로 혈교는 변패의 원인이 되는 잔존혈액을 제거하는 공정이며, 혈교가 끝난 후 염지액에 침지한다. 수침공정을 통해 소금빼기를 하고 물기를 제거한 후 건조, 훈연하여 냉각, 진공포장한다.
본리스햄	원료육에서 뼈를 제거하고 가공한 것으로 혈교, 염지, 수침공정은 본인햄과 동일하며, 뼈를 떼어낸 후 정형하여 햄모양이 나도록 면포로 싸서 양끝을 잡아매고 끈으로 원통형이 되게 묶은 후 건조, 훈연한다.
프레스햄	돼지고기 외에 쇠고기, 말고기, 양고기, 토끼고기 등을 쓴다. 프레스햄은 햄, 베이컨 부위를 떼고 남은 돼지고기나 다른 동물의 적색육을 잘게 썰어 결착력이 좋은 원료육과 함께 조미료, 향신료 등을 섞고 압력을 가하여 제조한 것으로, 소시지와 햄의 중간 형태이다.
로인햄과 솔더햄	로인햄은 돈육의 등심부위를 가공한 것이고, 솔더햄은 돈육의 어깨부위를 가공한 것이다.

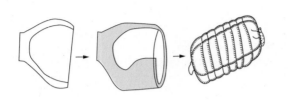

본리스햄(boneless ham)의 정형

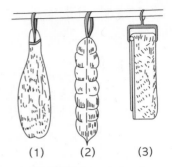

(1)   (2)   (3)

(1) 본인햄(bone in ham)
(2) 본리스햄(boneless ham)
(3) 베이컨(bacon)

[그림 10-2] 본리스햄의 정형과 햄의 종류

2) 소시지와 베이컨

소시지의 일반 공정은 원료육 선정, 염지, 세절(초퍼 사용), 유화 및 혼합, 충진, 건조 및 훈연, 가열 및 냉각, 포장 순이다. 세절은 초퍼(chopper)를 사용하여 고기입자를 6mm 크기로 자르는 것이고, 유화 및 혼합공정에서 사일런트 커터(silent cutter)를 사용하여 세절한 원료육을 더욱 곱게 갈아 결착력을 높인 후 향신료 및 조미료를 첨가하여 혼합한다.

소시지에는 더메스틱소시지와 드라이소시지가 있다. 더메스틱소시지는 훈연 후 건조하지 않고 가열하여 바로 섭취할 수 있게 한 것으로, 수분함량이 50% 이상이어서 부드럽고 맛이 좋지만 장기저장은 어려운 단점이 있다. 드라이소시지는 케이싱에 넣고 그대로 건조시키거나 저온건조 후 훈연시켜 수분함량을 30% 이하로 만들어 질감은 단단하지만 장기저장이 가능하다.

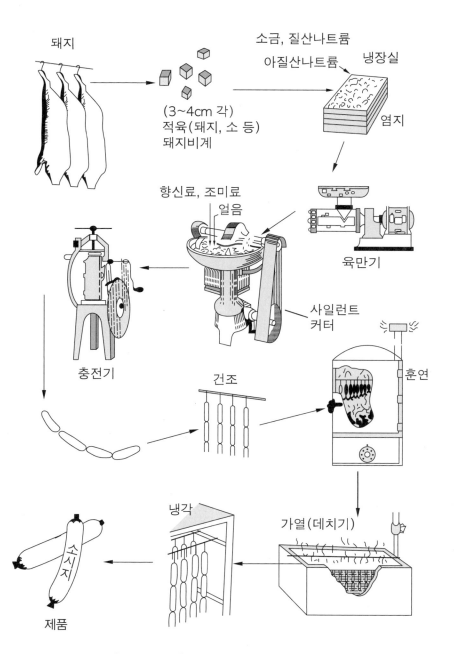

돼지

소금, 질산나트륨
아질산나트륨　냉장실

(3~4cm 각)
적육(돼지, 소 등)
돼지비계

염지

향신료, 조미료
얼음

육만기

충전기

사일런트
커터

건조

훈연

냉각

가열(데치기)

소시지

제품

[그림 10-3] 더메스틱소시지 제조과정

콘도비프는 쇠고기를 염지, 가열, 힘줄 제거 및 으깨는 공정을 거친 후 조미료, 향신료 등을 혼합하여 통조림에 넣고 살균한 것이며, 그 외에도 쇠고기를 얇게 썰어 양념한 후 말린 육포 그리고 장조림, 건조고기 등이 있다.

베이컨은 지방이 많은 삼겹살 또는 베이컨 부위를 정형, 혈교, 염지, 건조, 훈연, 냉각의 과정을 거쳐 수분 60% 이하, 조지방 45% 이하로 만들고 얇게 저미듯 썰어 진공 포장한 것이다. 복부육 외에도 등심육을 가공한 로인 베이컨, 어깨 부위를 가공한 숄더 베이컨도 제조되고 있다.

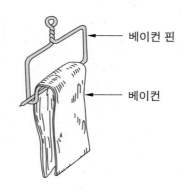

베이컨 핀

베이컨

[그림 10-4] 베이컨 핀과 베이컨

3) 젤라틴

젤라틴은 콜라겐을 산 또는 알칼리로 분해시킨 후 유해물질을 제거하고 설탕, 산, 색소, 향료 등을 첨가하여 가공한 것이다. 젤라틴은 분말상, 판상, 입상 및 설탕·산·색소·향료 등이 함유된 젤라틴 혼합물 상태로 되어 있으며 이 혼합물은 순수한 젤라틴보다 질이 우수하다. 질이 좋은 젤라틴은 무미, 무취의 특성을 갖는다. 젤라틴은 동물성단백질이기는 하나 트립토판, 이소루이신 등의 필수아미노산 함량이 적어서 생물학적 영양가가 낮은 불완전단백질이다. 젤라틴은 응고제, 유화제, 결정방해물질 등으로 이용된다. 응고제로는 후식으로 이용되는 젤리, 샐러드, 족편 등에 사용되며, 아이스크림, 냉동 후식, 마시멜로 등에 유화제나 결정방해물질로 쓰인다.

2. 축산물 가공제품 제조방법

(1) 육포

1) 재료 및 기구

- 재료: 쇠고기(우둔살) 500g, 참기름, 육포소스(간장 70g, 꿀 15g, 설탕 30g, 후추 조금)
- 기구: 볼, 채반, 건조기, 한지, 랩

2) 제조방법

① 포 뜨기 및 손질: 쇠고기는 기름기가 없는 우둔살 부위로 골라 결의 방향대로 두께 0.4cm 정도로 얇고 넓게 포감으로 뜬 후 기름과 힘줄을 제거한다.

② 육포소스에 재기: 그릇에 육포소스 재료를 담아 고루 섞는다. 포감을 한 장씩 양념장에 담가서 앞뒤를 고루 적시어 묻힌 후 육포감 전체를 고루 주물러 간이 충분히 배이도록 하여 1시간 정도 둔다.

③ 건조: 육포감을 육포소스에서 건져내어 채반에 겹치지 않게 펴 넣어서 통풍이 잘되고 햇빛이 잘 나는 곳에 이틀 정도 말린다. 겉면이 대강 마르면 뒤집어서 뒷면도 말린다. 건조기에 넣어 1일 정도 건조시키기도 한다.

④ 성형: 바싹 마르기 전에 평평한 곳에 한지를 깔고 말린 포의 가장자리를 잘 펴서 차곡차곡 포개어 놓은 후 도마나 판자를 놓고 무거운 것으로 눌러서 하루쯤 두어 평평하게 성형한다.

⑤ 냉동: 말린 육포는 랩으로 싸서 냉동실에 넣어 저장한다.

(2) 장조림

1) 재료 및 기구

- 재료: 쇠고기 1kg, 조미액(육수 450mL, 간장 450mL, 설탕 75g, 마늘 15g, 양파 75g, 고추 30g, 후추 약간)
- 기구: 냄비, 체, 병, 메스실린더나 비커(1L)

2) 제조방법

① 절단: 고기는 근섬유 방향으로 4cm, 길이 6cm의 덩어리로 절단한다.

② 삶기: 고기를 잠길 만큼의 물을 붓고 푹 삶은 후 건져내고, 삶은 국물(육수)은 냉각 여과한 다음 농축하여 조미액 제조에 쓴다.

③ 삶은 고기 자르기: 근섬유 반대 방향으로 두께 4~5mm로 자르거나 근섬유 결대로 찢어준다.

④ 가열: 분량의 육수, 간장, 설탕, 마늘, 양파, 고추, 후추를 넣어 만든 조미액에 고기를 넣고 5분간 가열한다.

⑤ 담기: 위의 고기를 건져 병에 담고, 위의 조미액을 다시 끓여서 70℃로 식힌 후 병에 넣는다.

⑥ 탈기, 살균 및 냉각: 탈기 및 살균 후 냉각시킨다.

(3) 포크소시지

1) 재료 및 기구

- 재료: 돼지 어깨살 또는 정강이살 3kg, 지방 600g, 소금 80g, 초석(질산나트륨) 8g 얼음, 향신료, 조미료(배합비율: 돼지살코기 70%, 돼지지방 15%, 빙수 15%, 흰 후추 0.3%, 너트메그 0.1%, 계피 0.03%, 화학조미료 0.3%)
- 기구: 절임용 통, 초퍼, 사일런트 커터, 충진기, 케이싱, 볼, 훈연실

2) 제조방법

① 자르기: 원료 고기를 2~4cm의 크기로 자르고, 지방은 1~2cm로 잘라 각각 다른 용기에 넣는다.

② 염지: 잘라놓은 고기에 분량의 소금 70g, 초석을 넣어 고루 혼합하고, 지방에는 남은 소금 10g을 고루 섞어 표면을 눌러주고 뚜껑을 덮어 3~5℃ 냉실에서 2~3일간 방치한다.

③ 다지기: 초퍼를 이용하여 고기와 지방을 다진다. 고기는 3mm의 플레이트로 다지고 결체조직이 많을 경우는 6mm 플레이트로 다진 후에 다시 3mm 플레이트에서 다진다. 초퍼로 다질 때 재료의 온도는 10℃ 이하로 유지한다.

④ 이기기: 사일런트 커터에 다진 고기를 펴서 넣고 뚜껑을 닫고 작동시킨다. 이기는 과정 중 향신료와 조미료를 넣어 주고, 온도가 올라가지 않도록 잘게 부순 얼음이나 빙수를 가하여 6분 정도 이겨 준다. 고기를 다질 때 품온이 상승하면 결착력이 저하되므로 13℃ 이하로 작업하고 그 이상으로 상승하면 작업을 중지하고 냉각시킨다.

⑤ 충진: 충진기에 이긴 고기를 양손으로 잡히는 정도로 넣고 윗면을 눌러 준다. 미리 세척한 케이싱은 25cm 길이로 잘라 한 끝은 실로 매고 이것을 노즐에 한 개씩 넣어서 고기반죽을 채워 넣는데 이 때 공기가 들어가지 않도록 주의한다. 케이싱이 채워지면 선단을 5cm 정도 남겨 노즐에서 빼낸 후 끝을 실로 단단히 맨다.

⑥ 건조 및 훈연: 케이싱한 후 대나무에 걸어 간격을 5cm 정도로 벌려 40~45℃로 유지되는 훈연실에 매달아 1시간 건조 후 45~55℃로 훈연한다.

⑦ 열탕처리: 훈연된 소시지는 70℃의 열탕에 넣어 물 위로 뜨지 않도록 쇠그물 등으로 눌러 30~40분 처리한다.

⑧ 냉각 및 저장: 흐르는 물에서 20~30분 냉각한 후 냉장고에서 저장한다.

(4) 햄과 베이컨

1) 재료 및 기구

- 재료: 돼지허벅살, 갈빗살, 염지조미액(물 5kg, 소금 850g, 질산나트륨 5g, 설탕 350g, 조미료 20g, 향신료 10~20g)
- 기구: 솥, 훈연실, 체, 경사진 선반

2) 제조방법

① 절단 및 성형: 햄, 베이컨용 부분의 고기는 모양을 다듬어 고르게 정형한다.

② 피 빼기: 조직 사이에 남은 혈액을 제거하기 위해 소금과 질산나트륨을 고루 뿌려서 경사진 선반 위에 4~5℃를 유지하면서 12시간 쌓아 놓는다. 이 과정을 통해 고기의 피를 빼고 연한 조직감과 풍미를 부여하며 색감을 좋게 한다. 이 작업을 커링(curing)이라고 한다.

③ 염지조미액 제조: 볼에 분량의 재료를 넣고 고루 저어준다.

④ 절임 및 조미: 각각의 고기를 염지조미액으로 2~4℃에서 1~2주간 절임과 조미를 한다.

⑤ 침수: 염지 후 과잉의 식염과 불순물을 제거하고 성분의 균일화를 위해 냉수에 침수한다. 침수시간은 큰 사이즈의 햄은 2시간, 작은 사이즈의 햄은 1시간, 베이컨은 1시간 정도로 한다.

⑥ 정형 및 건조: 침수가 끝나면 물기를 제거한 후 여분의 지방층과 껍질 등을 제거하고 헝겊, 실 등을 이용하여 정형한다. 20~30℃에서 24시간 건조하거나 또는 60℃에서 1시간 건조한다. 건조하는 이유는 훈연효과를 높이기 위해서이다. 햄은 고기 면을 안쪽으로 하여 원통상으로 한 후 노끈으로 매어 정형하고, 베이컨은 핀 등으로 모양을 잡은 후 건조한다.

⑦ 훈연: 냉훈이나 온훈법으로 훈연한다.

⑧ 찌기 및 냉각: 훈연이 끝나면 69~75℃의 물에 큰 사이즈는 6시간, 작은 사이즈는 2시간 정도 넣었다가 꺼내어 중심온도가 25℃ 정도 되도록 냉각시킨 후 걸어놓고 건조한다.

(5) 프레스햄

1) 재료 및 기구

- 재료: 작은 고기 덩어리(햄, 베이컨 제조 후의 자투리 고기), 소금, 질산나트륨 아질산염, 향신료, 증량제(분리대두단백질 또는 전분), 혼합 조미료(마늘분말, 생강분말, 양파분말, 백후추, 화학조미료)
- 기구: 믹서, 가열탱크, 염지통, 냉장실, 충진기, 케이싱, 훈연실, 폴리에틸렌포장지

2) 제조방법

절단 ▶ 염지 ▶ 혼합 ▶ 충진 ▶ 훈연 ▶ 가열 ▶ 냉각 및 포장

① 절단: 결착력이 좋고 지방함량이 적을수록 좋다. 다양한 고기부위를 사용하므로 온도 관리에 주의해야 한다. 원료육을 3cm×5cm×3cm 크기로 절단한다.

② 염지: 원료육에 대하여 소금 25%, 질산나트륨 0.1~0.2%, 아질산염 0.01~0.02%를 혼합하여 2~4℃의 저온실에서 2~4일 보관한다. 염지하는 동안 고기 윗부분을 폴리에틸렌포장지 등으로 덮어 주면 변색을 방지할 수 있다.

③ 혼합: 믹서에 원료육, 향신료 0.05~0.1%, 혼합조미료 0.1~0.3%, 증량제 등을 넣어 혼합해준다. 증량제는 전분이나 식물성단백질을 사용하며 5% 이상 사용하지 않도록 한다. 좋은 제품일수록 사용량이 적다.

④ 충진: 충진기로 충진하고 케이싱 양쪽 끝을 철사로 묶어 준다.

⑤ 훈연: 온훈법, 열훈법으로 한다. 45~50℃에서 30~60분 건조 후 50~60℃에서 4~5시간 훈연한다. 이를 통해 색이 고정되고 풍미와 보존성 향상 등의 효과가 있다.

⑥ 가열: 훈연이 끝나면 중심온도 63℃에서 30분 가열한다. 가열의 목적은 단백질 변성, 발색 및 살균에 있다.

⑦ 냉각 및 포장: 가열 후 냉수로 급냉시키면 표면의 수분증발과 주름을 방지할 수 있다. 냉각 후 포장하여 보관한다.

식품가공저장학

우유 가공

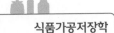

1. 우유 가공특성

(1) 우유

우유의 제조공정은 집유 및 수유검사, 청정화, 표준화, 균질화, 살균, 냉각, 충전을 거쳐 포장된 후 시판된다. 수유검사를 통해 우유의 신선도 및 유제품 원료로서 적합성을 판정하는 것이며, 청정화는 우유에 혼입된 먼지나 이물질을 여과기나 원심분리기를 이용하여 제거하는 과정이다. 표준화는 시유의 성분 규격에 맞도록 유지방, 무지고형성분 및 강화성분 등의 함량을 조절하는 과정으로 주로 지방함량을 일정하게 조절한다. 우유의 지방은 직경 0.1~10μm의 구형으로 표면으로 떠올라 지방층이 분리되는 현상이 일어나므로 균질처리를 한다. 균질화는 우유를 균질기에 넣고 압력을 가하여 작은 구멍으로 통과시켜 지방구를 2μm 이하의 작은 지방구로 쪼개는 공정인데, 이 공정을 통해 지방구가 표면으로 떠오르는 것을 방지할 수 있다. 또한 균질화를 통해 우유의 점도가 증가되고, 분산된 입자에 의한 빛의 분산으로 우유가 더 희게 보이지만, 열에 대해 불안정해지고 거품이 잘 일어나며 지방구의 표면적 증가로 산화 등에 불안정해진다.

시판우유의 검사법은 비중측정, 알코올시험, 산도측정, 지방측정, 메틸렌블루 환원시험 등이 있다. 우유의 비중은 평균 1.032로 비중계를 이용하여 비중을 측정함으로써 정상우유 여부를 알 수 있다. 신선도 판정법으로 알코올시험과 산도측정이 있는데, 알코올시험은 우유와 동일한 양의 70% 알코올을 혼합하여 카세인의 안전성을 시험하는 것으로 오래된 우유나 상한 우유일수록 응고량이 많이 발생한다. 우유의 산도는 젖산에 의해 나타내는데 0.18 이하이어야 정상이다.

우유의 지방은 3.5% 함유되어 있는데 이 지방이 저장 또는 가공 중 품질 저하의 원인이 되기도 한다. 우유의 지방측정법에는 배브콕(Babcock)법과 거버(Gerber)법이 있다. 메틸렌블루 환원시험은 우유에 메틸렌블루 지시약을 넣은 후 탈색 여부를 보고 우유의 품질을 판정할 수 있으며, 6시간 이상 탈색되지 않을 경우 상급우유로 판정한다.

(2) 유가공품

1) 크림

우유를 이용한 유가공품은 그 종류가 다양하며 실생활에서 매우 밀접하게 사용되고 있다. 크림은 우유의 지방질을 원심분리기로 분리하여 살균한 후 냉각하여 제품화한 것으로 유지방 함량에 따라 커피크림(10~30%), 휘핑크림(30~50%), 플라스틱크림(79~81%), 발효크림 등으로 분류한다. 커피크림은 커피의 풍미를 온화하게 하고 부드러운 커피를 즐

기기 위해 사용하며, 휘핑크림은 유지방 함량이 30~36%인 라이트휘핑크림과 36% 이상인 헤비휘핑크림으로 분류되며, 주로 케이크나 디저트 제조 시 이용된다. 플라스틱크림은 실온에서 고체 상태이며 아이스크림과 버터의 원료로 사용된다. 발효크림은 유지방 함량이 18% 이상인 크림을 74~82℃에서 30분간 살균하고, 젖산발효시켜 산에 의해 응고가 일어난 것을 균질화한 것이다.

2) 분유와 연유

분유는 우유의 수분을 대부분 제거하여 수분함량을 5% 이하로 건조시킨 제품이다. 냉장보관 없이 장기간 보관할 수 있고, 미생물 오염을 방지하며, 운반비용이 감소되는 이점이 있다. 분유의 종류에는 탈지유를 건조시킨 탈지분유, 우유를 건조시킨 전지분유, 그리고 모유 성분과 유사하게 조정하여 건조시킨 조제분유 등이 있다. 탈지분유는 건조시킨 후 충분히 냉각시켜 체를 통해 거친 입자를 분리, 제거한 후 충전한다. 전지분유의 제조공정은 원료유 표준화, 중화, 청정 및 살균, 여과, 농축, 예비가열, 건조, 냉각, 사별, 충전, 포장 순으로 진행된다. 전지분유나 조제분유의 경우 지방산화를 방지하기 위해 포장할 때 질소충전이나 진공충전 한다.

연유는 우유의 수분을 증발시켜 단백질과 지방을 2~2.5배로 농축시킨 것으로 설탕을 첨가하지 않고 농축, 밀봉, 멸균하여 저장성을 높인 무당연유와 16% 정도의 설탕을 첨가하여 1/2~1/3로 농축하여 설탕이 63~65% 정도 함유되도록 하여 저장성을 높인 가당연유가 있다. 설탕 농축도는 연유 중의 수분에 대한 설탕(%)으로 표시한 것이다. 제조공정은 원유의 표준화, 예비가열, 가당, 살균, 농축, 냉각, 밀봉, 멸균 및 냉각 순으로 진행된다. 예비가열 공정은 농축하기 전에 가열살균하는 공정으로 예열(preheating)이라고 하며 110~120℃에서 순간 가열하는 것이다. 예열의 효과는 미생물과 효소의 살균 및 불활성화로 제품의 보존성 향상, 첨가된 설탕의 용해, 농축 시 가열면에 우유가 눌어붙는 것을 방지하여 증발속도를 빠르게 하고 제품의 농후화를 방지한다.

$$설탕\ 농축도(\%) = \frac{설탕(\%)}{100-TS} \times 100$$

TS: 전고형분   100-TS: 수분 양

Q) 연유는 30%의 전고형분과 50%의 설탕을 함유하고 있다. 연유의 설탕농축도는?

A) 71.4%

---

3) 버터

유지방이 최소한 80% 이상 함유되도록 한 버터는 우유에서 유지방을 분리, 교반하여 지방입자를 모아 작은 덩어리들을 만든 후 이 덩어리들을 이겨서 남아있는 물이 지방에 분산되도록 만든 것이다. 버터제조 공정은 크림분리, 중화, 살균 및 냉각, 발효, 숙성, 교반, 버터밀크 배출, 수세, 가염 및 색소 첨가, 연압, 충전 및 포장의 순서로 진행된다.

크림분리 과정은 우유에서 크림층을 분리하는 것으로 지방함량 30~40% 정도의 크림을 얻을 수 있다. 중화는 크림의 산도가 높을 경우 살균할 때 버터의 풍미와 보존성이 저하되고 지방 손실이 발생하므로 이를 방지하기 위해 중탄산나트륨으로 중화하는 것이며, 산도는 0.1~0.14% 정도로 조절한다. 중화제는 Na_2CO_3, $NaHCO_3$, $NaOH$, CaO, $Ca(OH)_2$ 등을 사용한다.

교반은 결정화된 지방에 기계적 충격을 주면 지방구끼리 뭉쳐서 버터입자가 형성되고 버터밀크와 분리되는 과정이다. 아래층의 버터밀크를 제거한 후 버터입자에 냉수를 가하면서 교반, 수세한다.

수세의 목적은 저장성 향상, 수분조절, 연압공정에 알맞은 온도로 조절하는 것으로 연수를 사용한다. 가염의 목적은 버터의 보존성을 높이고 풍미를 향상시키는 것이며, 연압은 모인 버터입자 덩어리를 천천히 교반하면서 버터조직을 균일하게 만들어 유중수적형 버터로 만드는 과정이다. 연압의 목적은 수분함량 조절과 분산 및 유화, 소금용해, 색소분산, 버터조직을 부드럽고 치밀하게 하여 기포생성을 억제하는 것이다.

버터의 생산량은 제조 중에 수분, 소금 등이 포함되므로 원료로 사용된 크림 중의 지방량보다 생산량이 많게 되는데 이것을 증용율(overrun, OR)이라고 한다.

$$증용율(\%) = \frac{버터생산량(kg) - 크림 중 지방량(kg)^*}{크림 중 지방량(kg)} \times 100$$

* 크림 중 지방량(kg) = 크림량(kg) × 크림 중 지방율(%)

이론적 증용율은 21~25%이며, 실제 가공에서 교반작업으로 인한 손실, 연압공정 중 손실, 포장 시 손실 등을 감안하면 약 14~16% 정도 된다.

Q) 원료 크림의 지방량이 85kg, 생산된 버터의 양이 100kg이라면 버터의 증용율은?

A) 17.6%

버터의 종류에는 소금을 가한 가염버터, 소금이 첨가되지 않은 무염버터, 발효버터 등이 있다. 가염버터를 만들 경우 소금을 1.5~2.0% 첨가한다.

4) 치즈

치즈는 우유를 응유효소인 렌넷(rennet)이나 젖산으로 응고시킨 후 세균이나 곰팡이 등으로 숙성시킨 것이다. 숙성 중 다양한 세균이나 곰팡이에 의해 단백질이 분해되어 아미노산과 펩티드 분해물이 생성되고, 지질의 화학적 변화로 생성된 지방산, 알코올, 케톤류, 알데히드, 에스테르 등 다양한 유기화합물이 치즈 특유의 향미를 형성한다. 자연치즈의 제조공정은 원료유, 청정, 살균, 냉각, 스타터 첨가, 발효, 렌넷 첨가, 커드 절단, 교반, 유청 제거, 가온, 교반, 유청 빼기, 퇴적, 틀에 넣기, 예비 압착, 본 압착, 가염, 숙성 순이다.

스타터는 0.5~1.5% 정도 첨가하는데 젖산을 생성하여 커드형성 촉진, 유청 배제, 유해미생물의 생육억제, 풍미생성 등의 역할을 한다. 발효 후 렌넷을 원유 1,000 kg당 20~30g 첨가한다. 커드를 형성한 후 37~40℃로 가온하는데 목적은 유청의 배출속도를 빨리하고, 젖산 발효가 촉진되며 커드 수축으로 탄력성 있는 입자로 만드는 데 있다. 가염공정은 소금을 커드층에 직접 살포하는 건염법과 소금용액 탱크에 담가 소금물이 스며들게 하는 습염법이 있어 적당한 방법을 선택하도록 한다.

자연치즈는 수분함량에 따라 연질, 반경질, 경질, 초경질치즈로 분류되며, 숙성시킨 발효치즈와 숙성시키지 않은 커티즈치즈 등이 있다. 종류나 숙성기간이 다른 자연치즈를 배합하여 만든 가공치즈는 균일한 품질을 갖고 있으며, 버리는 부분이 없어 이용률이 높아 경제적인 제품이며 분말형 파마산치즈, 슬라이스치즈, 크림치즈 등이 있다.

표 11-1 **자연치즈의 종류**

분류	수분(%)	숙성관여 미생물	치즈 종류
연질치즈	55~80	흰 곰팡이	카망베르, 브리(프랑스)
		비숙성	커티지, 크림(미국), 뉴사테(프랑스)
반경질치즈	45~55	세균	브릭(미국), 림버거(벨기에)
		푸른 곰팡이	블루(프랑스), 스틸톤(영국)
경질치즈	34~45	세균, 큰 발효가스 구멍	에멘탈(스위스), 그루이에르(프랑스)
		세균, 작은 발효가스 구멍	고우다, 에담(네덜란드)
		세균, 가스구멍 없음	체다, 콜비(미국)
초경질치즈	13~34	세균	파마산, 로마노(이탈)

5) 아이스크림

아이스크림은 원유와 유가공품을 주원료로 하여 초콜릿, 과일, 견과, 과자 등 다른 식품이나 설탕, 그리고 향료, 색소, 유화제, 안정제 등 식품첨가물을 가하여 교반한 후 냉동한 것이다. 아이스크림의 일반 제조공정은 배합표 작성 및 혼합, 여과, 균질, 살균, 냉각, 숙성, 1차 냉각(soft icecream), 담기, 포장, 동결(−15℃ 이하, hard icecream) 순이다. 아이스크림 배합재료의 종류와 그 각각의 기능은 다음과 같다.

표 11-2 아이스크림 배합재료의 종류와 기능

배합재료	기능
단백질	동결기에서 기포 형성을 용이하게 한다. 지방유화로 생성된 기포를 안정화하고 수분과 결합하여 조직을 부드럽게 한다.
감미료	아이스크림의 단맛과 풍미를 결정한다.
안정제	저장 중 얼음입자의 성장을 막아 조직을 미세하고 균일하게 하며, 수분과 결합하여 조직을 부드럽게 한다.
유화제	믹스 중 지방과 수분을 유화시키고 계면장력 감소로 지방을 미세하게 분산되게 한다.

증용율은 동결기에서 교반하면 아이스크림 믹스 중에 기포가 형성되어 그 용적이 증가하는 것을 말하며, 가장 이상적인 아이스크림 증용율은 소프트아이스크림의 경우 30~50%, 하드아이스크림은 90~100% 정도가 좋다. 아이스크림 제조 시 발생하는 품질결함 및 원인을 이해하여 예방하는 것이 효율적이고 능률적인 제조공정을 위해 필요하다.

$$증용율(\%) = \frac{아이스크림의\ 용적 - 본래\ mix의\ 용적}{본래\ mix의\ 용적} \times 100$$

$$\frac{mix의\ 중량 - mix와\ 같은\ 용적\ 아이스크림의\ 중량}{mix와\ 같은\ 용적\ 아이스크림의\ 중량} \times 100$$

Q) 아이스크림 제조에서 믹스 10L의 중량 8kg, 제조된 아이스크림 10L의 중량이 5kg일 때 증용율은?

A) 60%

표 11-3 🍶🍶🍶	아이스크림을 제조할 때 발생하는 품질 결함과 원인
품질 결함	**원인**
사상조직(입안의 모래 감촉)	무지고형분 과다 첨가, 유당결정이 클 때 발생
가볍고 푸석한 조직	증용율 과잉, 완만 동결
거친 조직	부적당한 유화제 사용, 불완전 균질작업
기포, 유청 분리, 응고상	원료배합의 불완전, 단백질과 무기질 불균형
지방분해취, 불결취, 금속취	불완전한 우유 사용 및 살균, 부적당한 향료 사용

6) 발효유

발효유는 우유, 산양유를 원료로 젖산균과 효모를 이용하여 젖당을 젖산으로 발효시켜 적당한 pH 범위에 도달하면서 단백질 커드를 형성시킨 후 여기에 과일 잼, 펙틴, 젤라틴, 감미료, 향신료 등을 첨가하여 만든 것이다. 종류에는 젖산발효유와 젖산알코올발효유가 있다. 젖산발효유에는 젖산균 음료, 액상발효유, 농후발효유, 발효버터유, 냉동요구르트가 있다. 젖산알코올발효유는 젖산발효유와 달리 알코올이 약 0.7~2.5% 함유되어 있으며 마유로 만든 쿠미스와 염소나 양의 젖으로 만든 캐피어가 있다.

표 11-4 🍶🍶🍶	기타 유가공품과 특성
유가공품	**특성**
유청	전유 또는 탈지유에서 크림, 카세인을 제거한 잔액을 말한다.
젖당	유청을 가열하여 알부민을 침전시키고 농축냉각해서 만든다.
탈지유	우유에서 지방을 뺀 것으로 유지가 0.5% 이하인 것은 탈지유, 0.5~2%인 것은 저지방유라 한다.
카세인	아이스크림, 수프, 초콜릿, 마가린, 분유 가공 등에 사용한다.
강화우유	비타민강화 우유, 농축우유, 칼슘강화 우유 등이 있다.

2. 우유 가공제품 제조방법

(1) 커티즈치즈(비숙성치즈)

1) 재료 및 기구

- 재료: 우유 1L, 식초나 레몬즙(레몬 3개) 80~100mL, 소금 2g
- 기구: 냄비, 온도계, 면자루, 마늘 절구, 사각용기

2) 제조방법

① 살균: 냄비에 우유를 넣고 잘 저으면서 80℃로 가열하여 살균한다.

② 냉각: 가열한 우유를 40℃ 정도로 식힌다.

③ 응고: 분량의 식초나 레몬즙을 조금씩 가해 주걱으로 저어 준 후 방치하면 응고물이 형성된다.

④ 압착: 면자루에 붓고 커드가 230~235g 정도 남을 때까지 짠다.

⑤ 이기기: 커드를 마늘 절구에 넣고 소금을 조금 넣은 후 방망이를 가볍게 돌리면서 이긴다.

⑥ 조미 또는 성형: 기호에 따라 조미료나 향신료를 가하거나, 사각용기에 꼭꼭 눌러 담아 냉장고에서 냉각시킨 후 얇게 썬다.

용해시킨 한천용액을 커티즈치즈에 첨가하여 잘 혼합한 후 냉각시키면 얇게 썰기가 수월하다.

(2) 치즈(숙성치즈)

1) 재료 및 기구

- 재료: 탈지유 또는 신선한 우유 10L, 스타터(원료유 2%), 소금(치즈의 2~2.5%), 파라핀
- 기구: 냄비, 치즈배트(큰 냄비 및 작은 냄비), 칼(수평커드용, 수직커드용), 압착기
대나무발, 넓은 천

2) 제조방법

살균 ▶ 냉각 ▶ 스타터 첨가 ▶ 커드 형성 및 절단 ▶ 유청 제거 ▶

커드 퇴적 및 발효 ▶ 가염 ▶ 압착 ▶ 건조 ▶ 파라핀 입히기 ▶ 숙성

① 살균: 냄비에 우유를 넣고 잘 저으면서 62℃에서 30분 또는 72℃로 15초간 살균한다. 원료유는 탈지유 또는 신선한 우유를 사용하고 지방 3.25%, 산도 0.15%가 되도록 크림이나 탈지유를 가해 조정한다.

② 냉각: 살균한 우유를 30℃ 정도로 식힌다.

③ 스타터 첨가: 냉각시킨 우유에 스타터를 첨가하여 약 1.5~2시간 발효시킨다.

④ 커드 형성 및 절단: 응고된 커드를 수평 커드 칼로 자르고 다시 수직 커드 칼로 자른다.

⑤ 유청 제거: 응고유가 적당히 굳어지면서 생성되는 유청을 배출시키고, 다시 온도를 올려 약 50분 동안 40℃까지 되게 하고, 다시 20~30분 동안 계속 교반하여 커드가 굳어지면 유청을 제거한다.

⑥ 커드 퇴적 및 발효: 커드를 모아 헝겊으로 싸서 넓게 성형하여 굳힌다. 적당한 크기로 잘라 배트의 아래에 대나무발을 깔고 그 위에 쌓아올려 약 2시간 발효시킨다.

⑦ 가염: 초퍼 등으로 잘게 갈아서 다시 20분 교반하여 표면이 약간 건조되면 소금을 2~2.5% 가하여 충분히 혼합해 준다.

⑧ 압착: 치즈압착기에 천으로 치즈를 싸서 넣고 강한 압력으로 1~2시간 눌러 준 후 꺼내어 다시 틀에 넣고 하루 동안 압착한다. 이렇게 압착하여 얻은 것이 생치즈이다.

⑨ 건조: 압착한 생치즈는 습기 없는 냉실에서 표면에 피막이 생길 때까지 건조시킨다.

⑩ 파라핀 입히기: 잘 건조된 치즈는 파라핀을 녹인 통에 5~10초 담가서 파라핀을 표면에 도포한다. 파라핀을 입히면 치즈 표면의 구멍을 막아 곰팡이를 살균하는 효과가 있으며 숙성과정 중 수분이 증발하는 것을 방지한다.

⑪ 숙성: 파라핀을 입힌 치즈는 온도 5~10℃, 습도 80~90%의 발효실에서 3~6개월 숙성시킨 후 파라핀 층을 걷어낸다.

제품의 산도는 0.8~1.0% 정도이며, 우유 1L에서 100~110g의 치즈를 얻는다.

(3) 버터

1) 재료 및 기구

- 재료: 버터크림(유지방 30~35%), 스타터, 소금, 중화제(Na_2CO_3, $NaHCO_3$, $NaOH$, CaO, $Ca(OH)_2$ 등 사용)
- 기구: 크림분리기, 교동기, 연압기, 살균솥

2) 제조방법

① 크림분리: 크림분리기로 크림을 분리하거나 크림 제품을 사용한다.

② 크림중화: 크림의 산도가 0.2~0.3% 되도록 중화제로 중화시킨다. 크림의 산도가 높으면 살균할 때 카세인이 응고되어 버터생산량이 감소하기 때문이다.

③ 살균: 크림을 63℃에서 30분 또는 80~85℃로 15초간 살균한다.

④ 냉각: 위의 크림을 40℃ 정도로 식힌다.

⑤ 스타터 첨가 및 발효: 냉각한 크림에 스타터를 5~10% 첨가하여 16~21℃에서 24시간 발효한다. 산도가 0.1~0.15% 정도 되면 2~3℃ 정도로 냉각하여 15시간 정도 방치한다.

⑥ 교반: 발효된 크림을 교반기에 1/3~1/2량을 넣은 후 8~13℃에서 30rpm 속도로 약 40분 정도 교반시킨다. 이 과정을 통해 버터입자가 생성된다.

⑦ 버터밀크 제거 및 가수: 교반이 끝나면 교반기 하부 구멍을 열어 버터밀크만 배출시키고 다시 배출된 버터밀크와 동일한 양의 물(10~13℃)을 넣고 몇 번 회전한 후 물을 빼내는 동일 조작을 2~3회 반복한다. 이렇게 지방을 씻어주는 조작에 의해 조버터가 만들어진다.

⑧ 압착: 생성된 조버터를 꺼내어 연압기에 올려놓고 잘 압착하여 수분이 16% 이하가 되도록 한다.

⑨ 가염 및 연압: 2~3%에 해당하는 소금을 넣고 잘 혼합한 후 연압공정을 20분 정도 한다. 소금은 보존력을 높이고 물이 잘 빠지도록 한다. 연압이 끝난 후에 버터를 쪼개보았을 때 유리수가 전혀 없는 것이 좋다.

⑩ 냉각: 연압 후 비닐 깐 상자에 넣어 냉장고에서 굳힌다.

⑪ 성형 및 저장: 성형기로 일정하게 잘라낸 후 포장하여 5℃ 이하의 냉장고에 보관한다.

(4) 플레인 요구르트

1) 재료 및 기구

- 재료: 탈지유 1L, 탈지분유 50g, 설탕 50g, 젖산균 5g
- 기구: 냄비, 항온기, 온도계, 교반기, 병

2) 제조방법

데우기 ▶ 교반 및 거르기 ▶ 가당 및 살균 ▶ 젖산균 첨가 ▶ 발효 ▶ 저장

① 데우기: 냄비에 탈지유를 넣고 50~60℃로 따뜻하게 데운다.

② 교반 및 거르기: 탈지분유를 가하여 잘 용해되도록 교반한 후 거른다.

③ 가당 및 살균: 위에 분량의 설탕을 넣고 80~90℃에서 30분간 살균한다.

④ 젖산균 첨가: 우유를 40℃로 냉각시킨 후 젖산균을 넣어 고루 저어준다.

⑤ 발효: 30~40℃ 항온기에서 6~8시간 동안 발효시킨다.

⑥ 저장: 0~5℃에서 냉장 보관한다.

젖산균스타터는 젖산구균인 *Streptococcus thermophilus*, 간균 *Lacobacillus bulgaricus*, *Lac. delbrueckii*, *Lac. casei*, *Lac. acidophilus* 등을 단독 또는 혼합한 것을 사용한다.

표 11-5	젖산균 음료의 성분분석의 예			
구분	당(%)	산도(%)	pH	생균수(cell/L당)
발효 전	19	0.17	6.7	1.1×10^7
발효 후	17	0.75	4.2	5.8×10^8

(5) 아이스크림

1) 재료 및 기구

- 재료: 크림 1.35kg, 탈지유 250g, 탈지분유 2.7kg, 설탕 750g, 젤라틴 25g
  향료에센스 2~2.5mL, 얼음, 소금, 색소, 과즙
- 기구: 냄비, 아이스크림 제조기(freezer), 교반기, 균질기

2) 제조방법

① 배합표 작성 및 혼합: 원료배합비의 기준에 따라 용기에 먼저 탈지유 일부를 넣고 교반하면서 탈지분유를 넣은 후 크림을 가하여 설탕을 용해시킨다. 다음 남은 일부 탈지유를 60℃로 데운 후 젤라틴을 넣어 용해시킨 젤라틴액을 가하여 혼합한다. 이것을 아이스크림믹스라고 한다.

② 살균: 냄비에 아이스크림믹스를 담아 불에 올려놓고 교반하면서 온도를 올려, 68~73℃에서 30분 또는 80℃에서 15초 살균한다.

③ 균질화: 살균된 아이스크림믹스를 50℃로 냉각 후 균질화한다.

④ 냉각 및 숙성: 아이스크림믹스를 냉각한 후 0~4℃에서 하루 방치한다. 이때 향료에센스, 색소, 과즙 등을 넣어 혼합, 숙성시킨다.

⑤ 교반 및 냉각: 아이스크림 제조기로 옮겨(외측 통에는 얼음:소금을 4:1로 혼합한 것으로 채운다) 15~20분 교반하면 반고형 상태로 된다. 교반을 계속하면 아이스크림믹스 용량이 80~100%로 증가하는데 이 때 안쪽 통을 떼어낸다.

⑥ 1차 냉각: 떼어낸 통을 얼음과 소금으로 차게 냉각된 저장통 속에 넣어 4시간 이상 방치한다. 이것을 소프트 아이스크림이라 한다.

⑦ 동결: −19~−20℃에서 6~12시간 넣어두면 경화되어 하드 아이스크림이 된다.

(6) 밀크캐러멜

1) 재료 및 기구

- 재료: 설탕 200g, 물 50mL, 물엿 500g, 우유 80mL, 밀가루 40g, 연유 130mL
  버터 40g, 향료
- 기구: 냄비, 볼, 온도계, 냉각판

2) 제조방법

① 당 혼합용액 제조: 냄비에 설탕과 분량의 물을 넣고 은근히 가열하여 용해시키고 물엿을 가해 혼합한 후 불에서 내려놓는다.

② 밀가루 혼합용액 제조: 볼에 우유, 밀가루, 연유를 잘 혼합하여 놓는다.

③ 용액 혼합: 당 및 밀가루 혼합용액을 넣고 60℃까지 천천히 저어가며 혼합한다.

④ 가열: 온도 120℃가 될 때까지 가열한다.

⑤ 버터, 향료 혼합: 불에서 내려놓고 버터와 향료 등을 넣어 고루 혼합한다.

⑥ 담기 및 자르기: 위의 용액을 냉각판에 부어서 2cm 두께로 하여 식힌 후 사각으로 자른다.

식품가공저장학

CHAPTER 12

가금류 및 난류 가공

1. 가금류 및 난류 가공특성

(1) 가금류와 가공품

가금류는 주로 닭, 오리고기 등을 이용하는데 닭고기는 연하고 맛이 풍부하며, 오리고기는 불포화지방산이 많다. 닭의 80%는 통닭 형태 또는 부위별로 유통되고, 20%는 치킨너겟, 패티 등에 사용된다. 치킨너겟은 닭고기 가슴살과 다리살을 갈아낸 후 고기의 식감을 살려 한·입 크기로 만든 스낵형 제품이다. 닭의 여러 부위의 살을 혼합하여 갈아낸 후 햄버거, 햄버그스테이크의 패티, 핫도그용으로도 가공된다. 육수를 낸 후 농축, 분무건조하여 국물 내는 재료로 사용되며, 닭가슴살 통조림 등으로 가공하기도 한다. 또한 부위별로 분류하여 시판하고 있어 사용하기 편리하다. 오리고기는 주로 적당한 두께로 저며서 훈제품으로 가공한다.

가금류는 살모넬라균에 감염되기 쉽기 때문에 교차오염을 막기 위해서 조리 시 칼과 도마를 분리하여 사용하고, 포장을 잘해서 저장해야 한다. 구입 후 1~2일간 냉장저장이 가능하며, −18℃ 이하로 냉동저장할 경우 더 오래 저장할 수 있다. 가금류는 내장부위를 제거한 후 냉동해야 내장에 들어 있는 효소로 인한 품질저하를 막을 수 있다.

(2) 달걀과 가공품

가금류로부터 생산되는 난류는 달걀, 오리알, 거위알, 메추리알 등이 있으며 이들 난류 중 가장 많이 섭취하는 것이 달걀이다. 달걀은 난각, 난각막, 난백, 난백막, 난황, 배 및 알끈(chalaza)으로 구성되며, 종류나 산란 시기에 따라 차이가 있으나 난각 10~11%, 난백 55~60%, 난황 30~33%로 구성되어 있다.

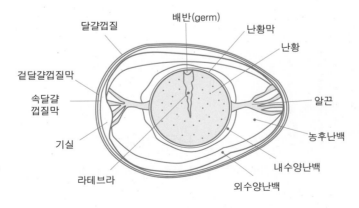

[그림 12-1] 달걀의 구조

달걀의 단백질은 약 11.8%로 필수 아미노산을 모두 가지고 있어 영양가가 우수한 편이다. 난황과 난백에 함유된 단백질은 그 성질이 다르다. 난백단백질은 오브알부민이 약 60%를 차지하며 열응고성과 산에 의해 변성하는 성질이 있어 제과나 제빵에 중요하다. 콘알부민은 약 13% 정도 함유되어 있으며 철, 구리와 같은 금속이온들과 강하게 결합하고 있는데 특히 철 이온과 강하게 결합하여 난백에는 유리된 철 이온이 거의 없다. 오보뮤코이드는 만노스, 글루코사민 등의 당류와 결합한 내열성의 당단백질로 트립신 저해작용이 있으나 가열하면 그 작용이 상실된다. 오보뮤신과 라이소자임은 농후난백의 조직 유지에 관여한다. 특히 오보뮤신은 기포성이 있어 제과제빵 및 식품가공분야에서 중요하며, 라이소자임은 용균작용이 있어 세균 침입을 저해하여 달걀의 신선도를 유지한다. 또한 아비딘은 비오틴과 결합하여 흡수를 저해하므로 생달걀을 한꺼번에 많이 먹으면 비오틴 결핍증에 걸리게 된다. 난황단백질에는 인단백질인 비텔린과 비텔레닌에 지질이 결합한 리포비텔린과 리포비텔레닌이 있다.

달걀은 가공 시 응고성, 기포성, 유화성 등 물리적 성질을 제공하여 우수한 식품가공적 성을 부여한다.

표 12-1 달걀의 물리적 성질과 가공특성

성질		가공특성
응고성	결합제	크로켓, 커틀릿, 만두속
	농후제	커스터드, 푸딩
기포성	팽창제	머랭, 마시멜로, 스펀지케이크
	간섭제	셔벗, 비결정형캔디, 아이스크림
유화성	유화제	마요네즈, 케이크 반죽

달걀의 신선도 판정법에는 외관판정법, 투광판정법, 할란판정법, 비중법 등이 있다. 외관판정법은 난각의 오염상태, 표면의 거친 정도, 흔들었을 때의 소리 여부 등으로 판정한다. 진음법은 흔들었을 때의 소리여부로 판정하는 것으로 신선한 달걀은 소리가 나지 않는다. 설감법은 기실 쪽에 혀를 대었을 때 신선한 것은 따뜻한 느낌이 있는지 판정하는 간이검사법이다. 투광판정법은 달걀을 눈과 광원 사이에 놓고 관찰하여 달걀 기실의 크기, 난백의 유동상태, 난황 위치, 배반 유무, 이물질의 존재, 난각 균열 등을 판별하는 방법이다. 난각에 자외선을 쪼이면, 신선한 것은 큐티클로 인하여 형광이 강하게 나타나므로 자외선

으로 판정하는 방법도 있다. 할란판정법은 평판 위에서 난황 및 난백의 높이와 직경을 측정하며 다음과 같은 식으로 계산한다.

$$난황계수 = \frac{난황의\ 높이}{난황의\ 평균\ 직경}$$

$$난백계수 = \frac{난백의\ 높이}{난백의\ 평균\ 직경}$$

신선한 달걀의 난황계수는 0.36~0.44, 난백계수는 0.16 이상이고, 노후란의 경우 난황계수는 0.25 이하, 난백계수는 0.10 이하로 신선할수록 수치가 높다. 비중법은 소금 60g을 물 1L에 용해한 소금물(비중 1.027)에 달걀을 넣으면 신선란의 비중이 1.08~1.09이므로 소금물에 가라앉는다. 이 방법은 난각 두께에 의하여 좌우되기도 하므로 정확한 판정법은 아니다.

달걀가공품으로는 동결란, 액상란, 건조란, 피단, 마요네즈 등이 있다. 동결란은 달걀껍질을 벗기고 −20~−30℃에서 동결한 것으로, 전란을 동결하거나 난황과 난백을 분리해서 각각 동결한다. 액상란은 전란액, 난백액 및 난황액이 있으며 전란액은 제빵, 제과의 원료, 조리용 등으로 사용되고 난백액은 제과제빵용, 어묵, 소시지 등의 재료로 이용된다. 또한 난황액은 마요네즈나 제과, 이유식용으로 사용한다.

건조란에는 전란분, 난황분 및 난백분이 있고 주로 쿠키, 아이스크림, 케이크 등의 재료로 사용한다. 달걀을 깨서 그대로 건조하면 흰자 중의 글루코오스가 메일러드 반응에 의해 갈변하고 용해도 등이 감소하게 된다. 따라서 건조난분을 제조할 때는 분무하기 전 효모를 이용한 발효, 글루코오스산화효소를 이용한 효소법 등을 통하여 글루코스를 제거한다. 제품의 수분은 2% 정도로 하고 산화방지 목적으로 용기에 담은 후 불활성 가스를 넣어준다.

피단은 달걀 껍질에 탄산소다, 소금, 생석회 및 물을 혼합 반죽하여 껍질 표면에 1cm 두께로 바른 후 항아리에 담아 냉소에서 3~4개월 발효시키면 난황의 가장자리 부분이 응고되고 외부는 흑녹색, 내부는 황갈색을 띠면서 독특한 풍미를 갖는다.

마요네즈는 난황의 유화성을 이용한 것으로 신선한 난황, 올리브유, 면실유 등의 식용유와 포도식초 또는 레몬식초를 사용하여 제조하며 샐러드소스 등으로 이용한다. 혼합기에 난황과 조미료를 넣고 충분히 교반하여 균일하게 한 후 처음에는 기름을 소량씩 가해주다가 유화되는 정도를 보면서 양을 늘려 준다. 유화가 어느 정도 된 후 식초를 조금씩 넣으면서 교반하여 유화를 완료하면 마요네즈가 완성된다.

2. 가금류 및 난류 가공제품 제조방법

(1) 닭고기 가미통조림

1) 재료 및 기구

- 재료: 닭 1마리, 양파 1개, 설탕 50g, 간장 100g, 마늘 1통, 생강가루 약간
         후추 약간, 닭 뼈 육수 1L
- 기구: 냄비, 체, 볼, 병, 계량컵

2) 제조방법

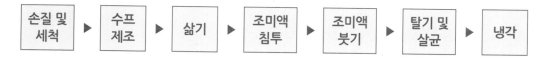

① 손질 및 세척: 닭은 껍질과 뼈를 제거하고 토막 내어 깨끗이 씻어낸다.

② 수프 제조: 여러 시간 끓인 닭 뼈 육수 1L 에 양파, 설탕, 간장, 마늘을 분량의 1/2만 넣고 가열한 후 양파는 건져낸다.

③ 삶기: 위의 수프에 토막 낸 닭고기를 넣어 약 10~20분간 끓여서 80% 정도 삶아지면 건져낸다.

④ 조미액 침투: 냄비에 남은 수프에 남은 양파, 설탕, 간장, 마늘, 생강가루, 후추를 넣어 다시 가열한 후 정치시켜 여과하고, 삶아 낸 닭고기를 다시 넣어 가열하여 조미액을 침투시킨다.

⑤ 조미액 붓기: 닭고기를 일정량씩 병에 채운 후 가열 시 사용한 조미액을 붓는다. 표면에 뜬 지방, 응고 혈액 등을 깨끗이 제거한다.

⑥ 탈기 및 살균: 가열하여 탈기 및 살균한다.

⑦ 냉각: 냉각하여 저장한다.

(2) 카스텔라(스펀지케이크)

1) 재료 및 기구

- 재료: 박력분 150g, 설탕 150g, 달걀 300g, 버터 40~60g, 시럽액(물 30~45mL, 시럽 15g)
- 기구: 믹싱볼, 볼, 체, 거품기, 파라핀종이, 케이크틀, 오븐, 계량스푼

2) 제조방법

| 체 내리기 | ▶ | 기포 내기 | ▶ | 밀가루 혼합 | ▶ | 버터 혼합 | ▶ | 담기 | ▶ | 굽기 |

① 체 내리기: 밀가루를 2~3번 체에 내린다.

② 기포 내기: 달걀을 30℃ 정도로 유지하면서 거품기로 저어 기포를 낸다. 여기에 분량의 설탕을 3회로 나누어 가해 부피가 3배가 될 때까지 기포를 낸다.

③ 밀가루 혼합: 체 친 밀가루를 넣어 가볍게 재빨리 30회 정도 젓고, 이어서 분량의 물에 시럽을 넣어 용해시킨 시럽액을 가해 잘 혼합되도록 저어준다.

④ 버터 혼합: 녹인 버터를 넣고 잘 젓는다.

⑤ 담기: 케이크틀에 파라핀종이를 깔고 반죽을 부어 넣은 후 표면을 고르게 한다.

⑥ 굽기: 180℃로 미리 예열시킨 오븐에서 50~60분간 굽는다.

(3) 파운드케이크

1) 재료 및 기구

- 재료: 박력분 200g(100%), 버터 120g(60%), 쇼트닝 40g(20%), 설탕 160g(80%)
  소금 2g(1%), 유화제 4g(2%), 달걀 160g(80%), 물 40g(20%)
  탈지분유 4g(2%), 바닐라향료 1g(0.5%), 베이킹파우더 4g(2%)
- 기구: 믹싱볼, 볼, 체, 파운드케이크팬, 붓, 파라핀종이

2) 제조방법

① 체 내리기: 밀가루에 탈지분유, 베이킹파우더를 넣어 2~3번 체에 내린다.
② 유지 절단: 버터나 쇼트닝을 믹싱볼에 넣고 거품기를 장착하여 저속으로 돌려 부드럽게 만든다.
③ 혼합: 위에 설탕, 소금, 유화제를 넣고 고속으로 믹싱하여 크림상태로 만든다. 유지나 설탕이 완전히 녹아야 완성품의 표면이 매끄럽고 색이 고르게 잘 나온다.
④ 달걀 넣기: 달걀은 조금씩 넣어가며 중속으로 믹싱하여 충분히 크림화가 되면 믹싱을 완료한다.
⑤ 밀가루 혼합: 믹싱볼을 기계에서 분리한 후 밀가루를 넣고 나무주걱으로 끊어 주듯이 볼을 돌려가며 섞는다.
⑥ 향료 혼합: 위에 향료를 첨가하여 다시 고루 섞는다.
⑦ 물 혼합: 물을 넣고 반죽이 매끈해지도록 잘 섞는다.
⑧ 담기: 파운드케이크팬에 파라핀종이를 깔고 반죽을 팬 높이의 약 70% 정도 부어 넣은 후 표면을 고르게 한다.
⑨ 굽기 및 칼금 내기: 180~200℃로 미리 예열시킨 오븐에 넣어 약 35~40분 굽는다. 굽는 중에 윗면이 색이 나면 오븐에서 꺼내어 커터칼로 가운데 부분을 세로로 0.5~1cm 깊이로 잘라 주는데 양끝은 0.5cm 남겨 둔다. 다시 오븐에 넣어 굽는다.
⑩ 난황 바르기: 노릇하게 구워지면 케이크의 갈라진 부분에 잘 풀어 놓은 달걀노른자를 붓으로 발라 준다.
⑪ 굽기: 160~180℃에서 노른자가 윤기나게 구워 낸다.

(4) 마요네즈

1) 재료 및 기구

- 재료: 달걀 1개, 샐러드유 180g, 식초 15mL, 설탕 15g, 소금 3g, 겨자가루 약간
- 기구: 플라스틱 볼, 거품기, 병, 계량컵, 계량스푼

2) 제조방법

난황 분리 ▶ 교반 ▶ 유화 ▶ 담기

① 난황 분리: 노른자만 분리하여 플라스틱 볼에 담는다.
② 교반: 노른자에 샐러드유를 조금씩 넣으면서 거품기로 교반한다. 교반하는 중간중간에 식초도 조금씩 넣는다.
③ 유화: 나머지 재료를 모두 가하여 충분히 유화시킨다.
④ 담기: 병에 넣어 저장한다.

수산물 가공

1. 수산물 가공특성

수산물은 중요한 동물성단백질 자원으로 그 종류가 매우 다양하다. 수산물은 수분이 많고 조직이 연하여 부패가 용이하고 취급 시 여러 오염원에 노출될 수 있어 위생적으로 안전성을 향상시키고 저장성을 높이기 위해 다양한 방법으로 가공저장하고 있다. 수산물은 잡힌 후 생명지속시간이 짧고 생선 크기, 방치 상태에 따라 사후변화에 큰 영향을 미치므로 가공품의 원료로 사용할 때는 선도가 중요하다.

수산연제품은 어육을 수세, 세절한 후 갈아주고 이에 조미료, 전분, 향신료를 가해 성형, 가열하여 제조하며 종류로는 부들어묵, 튀김어묵, 판붙이어묵, 어육소시지 등이 있다. 채육기에서 생선의 정육만을 취한 후 물에 침수시켜 혈액, 색소, 지방, 이취 등을 제거하고 염용성 단백질 비율을 높여 탄력을 갖게 하여 결착력을 높인다. 침수 후 물기를 제거하고 세절하여 남아있는 작은 뼈 등을 제거한 후 소금 등 부재료와 혼합하여 갈아주면 고기풀이 된다. 부들어묵은 꼬챙이에 고기풀을 원통상으로 말아 구운 것이며, 튀김어묵은 다양한 모양으로 성형하여 기름에 튀긴 것이다. 판붙이어묵은 고기풀을 나무판에 반원통상으로 붙여 증기로 찐 것이다. 어육소시지는 주로 다랑어, 고래 같은 붉은살 생선을 사용하여 일반 소시지와 같이 제조한다.

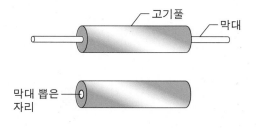

[그림 13-1] **부들어묵**

수산건제품은 수산물의 수분을 제거하여 저장성을 높인 것으로 소건품, 자건품, 염건품, 동건품 등이 있다. 소건품은 그대로 건조한 것으로 마른 미역, 마른 꽁치, 마른 오징어, 명태, 김 등이 있으며 자건품은 어패류를 찐 후 건조한 것으로 마른 멸치와 건새우 등이 있다. 염건품은 물기를 제거한 후 건조한 굴비가 있으며, 동건품은 동결과 융해를 30~50일 동안 반복하여 수분을 제거하여 푸석한 질감을 가지도록 한 것으로 황태가 있다.

수산훈제품은 염지, 건조, 훈연하여 독특한 풍미를 부여하고 저장성을 갖도록 한 것으로 냉훈 청어, 온훈 고등어, 훈제 연어 등이 있다.

그 외에도 수산조미식품이 있는데 세장뜨기하여 세척, 탈수한 후 설탕, 화학조미료, 소금 등으로 조미하여 건조한 쥐치포와 같은 조미건제품과 오징어를 수세, 박피 후 데치기하여 냉각시켜 조미한 조미오징어 등의 조미배건품이 있다.

젓갈류는 장류, 김치와 함께 한국의 3대 염장발효 식품으로 어패류의 살, 내장 등을 소금에 절여 세균발육을 억제시켜 부패를 방지하고 일정기간 동안 발효, 숙성시킨 식품으로 독특한 풍미를 가진다. 오징어젓, 멸치젓, 새우젓, 조개젓, 황석어젓, 창난젓, 명란젓 등이 있다.

한천은 홍조류인 우뭇가사리, 꼬시래기, 비단풀, 광초 등을 일광에 표백한 후 황산 또는 초산을 넣고 삶아서 점액을 채취하고 이를 냉각, 고형화한 후 동결, 해동, 건조 과정을 거쳐 만든 것이다. 한천은 겔 형성력을 가지는 아가로스 70%, 점탄성을 향상시키는 아가로펙틴 30%의 비율로 구성되며 식물성 젤라틴이라고도 부른다. 한천은 인체 내에서 소화되지 않는 복합다당류이므로 저칼로리식으로 이용되며 유제품, 청량음료, 과자류 및 빵의 안정제, 푸딩, 과일 젤리 등의 재료, 양갱 제조, 미생물 배지성분으로도 이용된다. 또한 농후제, 건조방지제, 물성유지제 등으로도 이용되고 있다.

2. 수산물 가공제품 제조방법

(1) 어묵

1) 재료 및 기구

- 재료: 생선 600g, 소금 18g, 설탕 40g, 미림 15g, 전분 45g, 달걀 흰자 50g
- 기구: 채육기, 마쇄기(초퍼), 면자루, 찜기, 튀김기

2) 제조방법

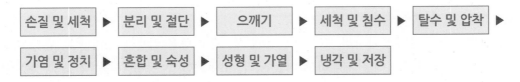

① 손질 및 세척: 머리, 내장, 비늘, 지느러미를 제거하고 깨끗이 씻어 물기를 제거한 후 세장뜨기하여 뼈를 제거한다.

② 분리 및 절단: 채육기 또는 칼로 어육을 분리한 후 1~5cm 두께로 자른다.

③ 으깨기: 자른 어육을 마쇄기로 으깬다. 초퍼를 사용할 경우에는 열이 나지 않도록 주의하며 갈아낸다.

④ 세척 및 침수: 갈아 낸 고기를 맑은 물에서 주물러 씻고, 2~3회 물갈이하여 하룻밤 물에 담가둔다. 이 과정을 통해 생선 특유의 비린내와 색소 등을 제거할 수 있다.

⑤ 탈수 및 압착: 물에서 꺼내어 헝겊으로 싸서 압착하여 물기를 뺀다.

⑥ 가염 및 정치: 소금을 가하여 10분간 정치한다.

⑦ 혼합 및 숙성: 설탕, 전분을 가하여 다시 10분간 정치한 후 미림, 난백을 가하여 30분 정도 숙성시킨다. 이후 여러 가지 부재료(당근, 파, 양파 등)를 다지거나 갈아서 넣는다.

⑧ 성형 및 가열: 다양한 모양으로 성형하여 표면은 90~95℃, 중심부는 75℃ 이상 되게 찌거나, 170~180℃에서 튀겨낸다.

⑨ 냉각 및 저장: 가열 후 품질유지를 위해 냉각하여 2~3℃에서 저장한다.

(2) 멸치젓

1) 재료 및 기구

- 재료: 멸치 1kg, 천일염 100~120g, 소금물(물 300mL + 소금 30g)
- 기구: 볼, 체, 항아리, 비닐, 돌

2) 제조방법

세척 ▶ 가염(1/3분량) ▶ 담기 및 가염 ▶ 숙성

① 세척: 멸치는 비늘이 벗겨지지 않은 싱싱한 것으로 골라 분량 외의 소금물에 흔들어 씻어서 체에 건져 물기를 뺀다.

② 가염: 소금의 1/3을 멸치에 넣고 고루 버무린다.

③ 담기 및 가염: 항아리에 남은 소금의 절반을 넣고 위의 것을 넣은 후 나머지 소금을 위에 고루 뿌린 다음 꼭꼭 눌러 준 후 비닐을 덮고 무거운 돌로 눌러 놓는다.

④ 숙성: 분량의 소금물을 끓여서 식힌 후 항아리에 붓고 뚜껑을 잘 덮어 시원한 곳에서 3개월 이상 숙성시킨다.

5, 6월에 싱싱한 멸치로 젓을 담그면 김장 때 사용하기 알맞다.

(3) 황석어젓

1) 재료 및 기구

- 재료: 황석어 1kg, 천일염 140~200g, 소금물(물 300mL + 소금 30g)
- 기구: 볼, 체, 항아리, 비닐

2) 제조방법

① 세척: 황석어는 분량 외의 소금물에 담갔다가 흔들어 씻어서 체에 건져 물기를 뺀다.

② 가염 및 담기: 황석어의 아가미와 입을 벌려서 소금을 넣는다. 항아리 밑바닥에 소금을 뿌린 후 황석어를 한 켜 넣는다. 그 위에 다시 소금을 뿌리고, 또 황석어를 한 켜 넣는 식으로 반복한 후 꼭꼭 눌러서 맨 위에는 남은 소금을 듬뿍 뿌린다.

③ 숙성: 분량의 소금물을 끓여서 식힌 후 항아리에 붓고 무거운 돌로 눌러 놓는다. 뚜껑을 잘 덮어 시원한 곳에서 3개월 이상 숙성시킨다.

소스류

1. 소스류 가공특성

소스는 음식의 맛을 증진시키고 색상을 부여하며, 다양한 부재료의 첨가로 영양가를 높이고, 소화 작용을 도와주는 기능을 가지고 있어 서양음식에서 중요한 위치를 차지한다. 유럽에서는 소스, 미국에서는 드레싱이라고 하며 채소, 과일, 식용유, 식초 등의 다양한 재료에 소금, 당류, 향신료 등을 가하고 유화시키거나 분리액상으로 제조한 것으로 우스터소스, 과일소스, 브라운소스, 버터소스 등 그 종류가 매우 다양하다.

우스터소스는 양파, 당근 등의 채소침출액에 아미노산, 설탕, 소금, 식초, 향신료, 매운맛을 가하고 캐러멜로 착색한 소스이다. 계절에 따른 과일을 이용한 과일소스와 견과류를 이용한 캐슈소스, 땅콩소스, 건포도를 이용한 스테이크소스 등 주재료에 따라 다양한 맛을 낼 수 있다.

2. 소스류 가공제품 제조방법

(1) 캐슈소스

1) 재료 및 기구

- 재료: 생캐슈 150g, 물 600g, 올리브유 20g, 소금 5g, 레몬즙 50g, 꿀 10g
- 기구: 믹서, 냄비, 병

2) 제조방법

① 생캐슈 갈기: 깨끗이 씻어 물기를 제거한 생캐슈와 분량의 물을 믹서에 넣고 곱게 갈아 체에 거른다.
② 가열: 냄비에 넣고 걸쭉해질 때까지 끓인다.
③ 혼합: 나머지 재료를 넣고 잘 혼합한 후 병에 담아 탈기 및 살균한다. 레몬즙과 꿀은 기호에 따라 가감한다.

(2) 건포도 스테이크소스

1) 재료 및 기구

- 재료: 건포도 90g, 물 400g, 양파 50g, 셀러리 50g, 토마토케첩 150g, 밀가루 10g, 간장 10g, 소금 1g
- 기구: 믹서, 냄비, 병

2) 제조방법

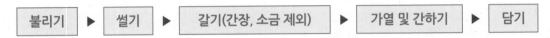

불리기 ▶ 썰기 ▶ 갈기(간장, 소금 제외) ▶ 가열 및 간하기 ▶ 담기

① 불리기: 건포도는 분량의 물에 넣어 2~3시간 물에 불린다.
② 썰기: 양파와 셀러리는 굵게 썬다.
③ 갈기: 믹서에 간장, 소금을 제외한 모든 재료를 넣고 곱게 갈아내어 체에 거른다.
④ 가열 및 간하기: 냄비에 체에 거른 혼합액을 넣고 은근히 끓인 후 간장, 소금으로 간을 한다.
⑤ 담기: 병에 담아 탈기 및 살균한다.

(3) 오렌지드레싱

1) 재료 및 기구

- 재료: 오렌지 500g(또는 오렌지주스 200g), 캐슈마요네즈 100g, 레몬즙 30g
  꿀 30g, 소금 2g
- 기구: 원액기, 병

2) 제조방법

① 박피 및 압착: 오렌지 껍질을 제거하고 2~4등분하여 원액기에 넣고 과즙을 추출한다.
② 혼합: 소금을 제외한 모든 재료를 믹서에 넣고 혼합한다.
③ 간하기: 소금으로 간을 한다.
④ 담기: 병에 담아 냉장고에 보관한다.

(4) 키위드레싱

1) 재료 및 기구

- 재료: 키위 500g, 올리브유 250g(드레싱 농도와 기호도에 따라 가감), 소금 3g
- 기구: 믹서, 병

2) 제조방법

박피 및 썰기 ▶ 갈기 ▶ 담기

① 박피 및 썰기: 키위는 껍질을 벗기고 크게 큼직하게 썬다.
② 갈기: 모든 재료를 믹서에 넣고 곱게 갈아낸다.
③ 담기: 병에 담아 냉장고에 저장한다.

주류 및 식초

1. 주류 및 식초 가공특성

(1) 주류

청주, 탁주, 약주 등의 주류는 전분질을 원료로 하며 곰팡이의 아밀레이스로 포도당을 가수분해하여 에탄올 발효시켜 제조한 것이다. 청주는 도정율이 높은 쌀을 쪄낸 후 코지를 접종시켜 균을 번식시킨 것으로 코지와 찐쌀에 물을 가하고 순수 배양한 청주효모를 가하여 주모를 만들고, 주모발효, 담금, 후발효 과정을 거친 후 숙성, 여과, 가열, 살균하여 제조한다. 알코올 외에도 포도당, 아라비노오스, 이소말토오스 등 당류와 호박산, 젖산 등의 유기산 등이 청주의 독특한 향미를 부여한다.

탁주와 약주는 쌀과 누룩을 사용하여 발효시킨 것으로, 술덧을 탁하게 걸러 알코올 농도가 5~6% 되게 제조한 것이 탁주이고, 압착, 여과하여 맑은 액만 취한 것으로 알코올 농도가 11% 되게 만든 것이 약주이다.

맥주 원료인 보리는 전분질이 많고 단백질이 적은 두 줄 보리를 사용하며 호프는 수정이 되지 않은 암꽃을 건조하여 사용한다. 호프에 함유된 쓴맛 성분인 휴물론(humulon)과 루풀론(lupulon)은 기포성, 지포성을 부여한다. 효모는 액면 위로 떠올라 발효하는 상면효모 또는 액면 밑부분에서 발효하는 하면효모 등을 사용한다. 맥주는 엿기름을 제조한 후 볶아서 건조시키고 당화, 여과, 맥주효모 첨가, 발효공정을 거쳐 제조한다. 숙성한 맥주를 여과하여 균체까지 들어있는 것이 생맥주인데 보존성이 없어 병에 담아 살균과정을 거쳤으나, 요즈음은 막여과 공정으로 균체를 제거하여 보존성을 향상시킨 병생맥주를 시판하고 있다.

포도주는 포도 껍질에 붙어 있는 야생효모가 과즙 중의 당을 발효시켜 알코올을 만든 것으로 원료 포도의 종류에 따라 백포도주와 적포도주로 분류한다. 백포도주는 청포도를 원료로 하며 포도를 압착하여 과즙만 발효시킨 것으로, 떫은맛이 없고 밝은 황색이어야 하므로 타닌과 색소를 감소시키기 위해 발효 전에 과즙을 짜낸 후 발효시킨다.

적포도주는 파쇄한 포도를 짜지 않고 그대로 발효시켜 껍질의 색소가 녹아나도록 하여 만든 것으로 원료를 처리하여 담그는 공정은 백포도주와 거의 같다. 상업적으로는 포도주효모(*Saccharomyces ellipsodeus*)를 순수 배양하여 사용한다.

포도주의 알코올 함량이 10% 이상 될 수 있도록 당이 과즙에 함유되어 있어야 하는데 실제로 조건에 맞는 과즙이 많지 않으므로 과즙은 산의 양을 측정한 후 보충해야 한다. 일반적으로 과즙은 20% 이상의 당과 0.4~0.9%의 산을 가지고 있다. 과즙에 당을 가하는 경우 다음 공식에 따라 계산한다.

현재 당도 a(%)의 포도즙 Wa(g)을 b(%) 당도로 하기 위해 포도 과즙에 가해야 할 설탕의 중량을 Ws(g), 제조한 과즙의 양을 W(g)이라 하면

$$W = Wa + Ws$$

$$Wa \times a + Ws \times 100 = Wb = (Wa + Ws)b$$

$$Ws \times 100 - Ws \times b = Wa \times b - Wa \times a$$

$$Ws = \frac{Wa\,(b - a)}{100 - b}$$

Wa: 과즙량(kg)　　　a: 과즙 당도(%)　　　b: 목표당도(%)

Q) 포도주 제조 시 당도가 10%인 과즙 10kg을 당도 20%로 하기 위하여 첨가해야 할 설탕의 양은?

A) 10(20-10)/100-20 = 1.11kg

---

(2) 식초

식초는 초산이 주성분으로 당류나 전분을 함유한 원료를 알코올 발효한 후 초산발효하여 제조하며 발효법에 의한 양조초와 빙초산을 물로 희석하고 감미료, 화학조미료, 소금 등을 넣어 조미한 합성초로 분류된다. 초산발효는 다음과 같은 알코올의 산화반응이며, 초산균이 발효작용을 한다.

$$C_2H_5OH + O_2 \rightarrow CH_3COOH + H_2O$$

초산균은 온도에 예민하므로 활동이 활발할 때는 탱크 표면에 얇은 인조견과 같은 막을 친다. 공장의 발효실에서는 수십 개의 탱크가 하루에 수만 칼로리의 열을 방출하므로 발효실의 온도, 습도 조절에 주의해야 한다. 재료에 따라 술찌끼미초, 쌀초, 현미초, 술초, 사과초 등이 있으며, 제조방법은 정치법, 속초법, 통기교반배양법 등이 있다.

표 15-1　식초제조법과 특성

식초제조법	특성
정치법	대형 탱크에 탄소원과 종초균을 가하여 30℃에서 2~3개월간 발효하는 방법으로 비교적 시간이 오래 걸린다.
속초법	발효탑에 대팻밥을 채우고 초산균이 번식한 원료액을 탑 위에서 살포하고 밑에서 공기를 불어 올리는 것을 3~5일간 반복하는 것으로 발효시간을 단축할 수 있다.
통기교반배양법	원료액과 초산균의 혼합액을 무균 공기로 교반하면서 발효시키는 것으로 대량 제조가 가능하며 잡균의 오염도 없고 발효도 빨리 끝난다.

2. 주류 및 식초 제조방법

(1) 약주와 탁주

1) 재료 및 기구

- 재료: 밀가루(또는 밀기울), 종국(*Aspergillus oryzae*), 멥쌀, 찹쌀, 누룩
- 기구: 쇄미기 또는 절구, 찜통, 큰 통, 독, 면자루

2) 제조방법

① 누룩 만들기: 밀가루나 밀기울에 물 40%를 가해 반죽하여 누룩 틀로 성형한 후 표면에 종국을 섞은 밀가루를 발라 접종하여 40℃ 이하의 온도에서 약 10여 일간 발육시킨다. 그동안 마르지 않게 하고 공기 유통과 온도를 잘 조절한다. 출국하여 33~34℃의 건조실에서 10~20일간 말려서 사용한다.

② 술밑 만들기: 멥쌀 3kg을 하룻밤 물에 담갔다가 절구로 부순 다음 찜통에 넣어 찌고, 누룩은 부수어 물 1.7L에 고루 풀어서, 식힌 찐 쌀가루와 섞어 큰 통에 담는다. 담금온도는 10~15℃가 좋다. 담요를 덮어두면 1주일 정도 지나 품온이 27~28℃ 되었다가 온도가 내려가며, 1주일쯤 지나면 완전히 숙성되어 술밑이 된다.

③ 술덧 및 숙성: 찹쌀 10kg을 물에 불렸다가 쪄서 식힌 다음, 술밑과 물 6.7L를 섞어서 독에 담아 숙성시킨다. 누룩을 약간 섞어도 좋으며, 담금 온도는 15~25℃가 좋다. 4~5일 지나면 품온이 30℃ 정도가 되었다가 온도가 내려가며, 8~14일이 지나면 숙성된다.

④ 탁주: 숙성되면 알코올 농도 6~20%의 탁주가 된다.

⑤ 약주: 탁주의 숙성이 끝날 때(5일 정도 더 경과) 술독 위에 맑게 뜨는 액체 속에 용수를 박아 맑은 액체를 떠내거나 면 자루로 짜낸다.

보통 20℃ 이하에서 저장하면 후숙되어 풍미가 좋아진다. 약주는 신맛이 약간 강하고 특수한 향이 나며, 담황색이 좋다.

용수는 싸리나 대오리를 둥글고 깊게 통 같이 만든 것이다.

(2) 백포도주

1) 재료 및 기구

- 재료: 포도, 설탕, 배양효모
- 기구: 파쇄기, 굴절당도계, 발효통, 압착기, 저장통

2) 제조방법

세척 ▶ 과즙 ▶ 가당 ▶ 주발효 ▶ 후발효 및 앙금 제거 ▶ 저장

① 세척: 당이 많고 산미가 적으며 향이 좋은 것을 선별하여 잘 세척한다.

② 과즙: 꼭지를 따고 파쇄한 후 바로 압착하여 포도즙을 만든다. 파쇄 후 방치하면 과피, 씨 등에서 침출물이 용출되고 과피에 붙은 효모나 미생물 등이 번식하여 품질이 저하될 수 있다. 수율은 포도 종류, 압착 정도에 따라 다르나 75~85% 정도이다.

③ 가당: 제품의 알코올 함량이 10% 이상 될 수 있도록 당도를 조절한다. 당이 적을 때는 알코올 생산량이 적고 초산균이나 잡균이 번식하여 저장성이 떨어진다. 과즙은 20% 이상의 당과 0.4~0.9%의 산을 갖는다.

④ 주발효: 발효통을 가열살균, 순간살균 또는 아황산으로 살균한다. 아황산은 환원력으로 잡균 번식을 방지하고 효모 번식을 촉진한다. 당과 산의 양을 조정한 과즙을 발효통에 옮겨서 자연 발효시키거나, 효모를 순수 배양하여 증식시킨 밑술(starter)을 과즙의 2~3% 넣고, 공기를 통하게 하여 34℃ 이하에서 발효시킨다. 1~2일이 지나서 발효가 왕성해지면 발효통의 뚜껑을 덮고 밀폐한다. 7~10일이 경과하면 거의 주발효가 완료된다.

⑤ 후발효 및 앙금 제거: 주발효 후 15℃의 발효실에 넣어 후발효한다. 1~2개월 후 펌프 등을 이용해 다른 저장통으로 옮겨서 바닥의 앙금을 제거한다. 2~3개월 지난 후에 앙금빼기를 다시 한다.

⑥ 저장: 저장용기에 채워서 1년 이상 저장하며, 오래 저장할수록 품질이 좋아진다.

산이 적고, 담황색을 띠며 순한 맛이 나는 것이 좋다.

(3) 적포도주

1) 재료 및 기구

- 재료: 포도, 설탕, 배양효모
- 기구: 파쇄기, 압착기, 굴절당도계, 발효통, 저장통

2) 제조방법

① 세척: 당이 많고 산미가 적으며 잘 익은 것이 좋다.

② 과즙: 꼭지를 제거하여 파쇄 · 압착하여 포도즙을 만든다. 수율은 포도의 75~85% 정도이다.

③ 가당: 포도즙의 당을 측정한 후 여기에 설탕을 넣어 전체 당이 약 23% 정도 되게 한다.

④ 주발효: 과즙을 발효통에 80% 정도 넣고 보자기 등으로 잘 싸서 15~17℃ 되는 곳에서 발효시킨다(10일 정도 소요된다). 주발효 중에는 이산화탄소가 발생하여 껍질과 과육이 표면에 떠오르고 초산균과 산막효모가 번식할 수 있으므로 가끔 교반해 준다.

⑤ 압착: 통 밑에 가라앉은 껍질과 효모는 분해되어 포도주의 향을 저하시키므로 발효액을 다른 용기에 옮기고, 찌꺼기를 압착기로 짜서 분리한 분리액을 앞의 발효액에 혼합한다.

⑥ 후발효 및 앙금 제거: 뚜껑을 닫고 10~15℃의 발효실에서 2~3개월간 후발효한다. 앙금 제거는 1~2개월에 한 번씩 한다.

⑦ 숙성: 저장통에 넣어 숙성시킨다. 숙성은 백포도주보다 빠르므로 저장기간은 약간 짧아도 된다.

산이 적고 포도 향을 내고, 진한 홍색을 띠며 떫은맛이 있는 것이 좋다.

식용유지 가공

1. 식용유지의 제조

식용유지는 식물성유지와 동물성유지로 분류된다. 우리나라 식물성유지의 원료는 대두, 옥수수, 유채, 면실, 쌀겨, 참깨, 콩, 유채 등이 있고, 동물성유지의 원료는 소, 돼지, 생선 등이 사용된다. 식용유지의 채취법은 압착법, 추출법 및 용출법 3가지 방법이 있는데 주로 식물유지 채취에는 압착법, 추출법이 사용되고 동물성유지 채취에는 용출법이 사용된다. 유지를 채취하기 전에 품질이 좋은 유지를 얻고 수율과 채유량을 높이기 위해 전처리를 한다. 전처리는 착유 전에 껍질을 벗기고, 원료에 섞여 있는 여러 가지 이물질을 제거하거나 착유의 효율성을 높이기 위해 하는 것으로 표면적을 넓혀 주는 파쇄, 압편 처리 등이 있다. 또한 전처리로 원료를 볶거나 수증기로 찌는 등의 가열처리를 하면 원료의 수분함량 감소, 세포막의 파괴, 단백질 응고 및 유지 점도의 저하 등으로 인해 착유가 용이해지고 수율도 증가한다.

표 16-1 유지의 추출법

추출법	특성
압착법	• 유지함량이 많은 식물 원료에 기계적 압력을 가하여 채취하는 방법이다. • 저온압착은 실온에서 압착기를 사용하여 추출하는 것으로 품질은 좋지만 고온압착에 비해 수율이 낮다. • 고온압착은 수증기로 70℃ 정도로 데운 후 추출하는 것으로 검질, 유리지방산 등이 존재하므로 품질이 낮다. • 압착법으로 착유한 후에도 유박에 2.5~5%의 유지가 남아있으므로 압착법으로 예비 착유를 한 후 용제추출법을 통해 분리하면 수율을 높일 수 있다.
추출법	• 유지함량이 비교적 적은 원료에 사용한다. • 원료를 휘발성 용제로 처리하여 채유한 후 용제는 증류로 회수하고 남은 유지를 얻는 방법이다. 압착법에 비해 불순물이 적으며 유박의 유지도 0.5~1.5% 정도로 더 적다. • 우리나라에서는 추출용제로 노멀-헥산(n-hexane)이 이용된다.
용출법	• 원료를 가열하여 유지를 얻는 방법으로 주로 동물성 원료에 사용한다. • 건식용출법은 원료를 직접 가열하여 수분을 증발시키고 유리되는 지방을 얻는다. • 습식용출법은 원료에 물을 가열하거나 수증기에 노출시켜 유리되는 지방을 얻는다.

추출법에 사용하는 추출용매의 조건은 폭발 등의 위험성이 적고, 독성이 없으며 유지와 유박에 나쁜 맛과 냄새를 남기지 않아야 하고, 기화열과 비열이 적어서 회수가 용이해야 한다. 또 부식성이 없어야 하며, 유지 이외의 물질을 추출하지 않아야 하고 가격이 저렴해

야 한다.

채취한 원유(crude oil)는 수분, 섬유질, 단백질, 탄수화물, 색소, 유취물질 등의 불순물이 혼합되어 있으므로 유지의 품질을 높이기 위해 정제해야 한다. 유지의 정제는 전처리, 탈검, 탈산, 탈색, 탈취, 탈납 공정 순으로 진행된다.

표 16-2 유지의 정제방법

종류	방법
전처리	침전탱크에서 불순물 침전시키거나 여과, 원심분리, 응고, 흡착 등을 통해 원유 중의 불순물을 제거하고 정제과정을 용이하게 한다.
탈검	원유에 함유된 단백질, 탄수화물, 인지질 등의 검질을 제거하는 공정으로 원유에 80℃ 정도의 온수를 1~2% 첨가하여 믹서로 수화시키면 검질이 팽윤, 응고하는데 이를 원심분리로 제거한다.
탈산	원유에 함유된 유리지방산을 제거하는 공정으로 유지를 70℃ 정도로 가온, 교반하면서 10~15% NaOH 용액을 뿌려 비누액을 형성, 침전시킨 후 원심분리로 제거한다. 탈산과정 중 유지 속에 남아 있는 인지질, 색소성분이 동시에 제거되어 탈색 효과가 있다.
탈색	원유에 함유된 카로티노이드 및 클로로필 색소 등을 제거하는 공정으로 방법으로는 활성탄을 이용하는 흡착법, 오존, 과산화수소 등의 산화제를 이용하는 산화탈색법, 일광조사법 등이 있는데 주로 흡착법을 많이 이용한다.
탈취	원유 중에 함유되어 불쾌취를 내는 저급지방산, 저급알코올, 저급카르보닐화합물, 유기용매 등을 제거하는 공정으로 탈취관에 유지를 넣고 3~6mmHg의 감압 하에서 250℃의 수증기, 이산화탄소 등을 불어 넣어 휘발시키면서 냄새를 제거하는 것으로 이때 색소, 과산화물, 지방산 등도 제거된다.
탈납	샐러드유 제조 시 중요한 공정으로 유지를 냉장고에 넣으면 융점이 높아 고체형태로 되는 지방을 제거하는 공정으로, 0~6℃에서 18시간 방치하여 생성된 지방을 여과나 원심분리를 통해 제거하므로 동유처리라고도 한다. 올리브유는 향미가 좋은 기름이 제거되므로 동유처리하지 않는다.

2. 식용유지의 가공

불포화지방산이 많은 기름은 산패에 의해 변질되기 쉽고 냄새가 나며 불안정하므로 니켈과 백금 촉매 및 고온고압(160~180℃, 6~12기압)의 조건에서 수소첨가를 하면 불포화결합이 단일결합으로 전환되면서 융점이 높은 고체기름이 되는데 이를 경화유라고 한다. 목적에 따라 첨가되는 수소의 양을 조절할 수 있고 필요한 융점을 가진 경화유를 제조할 수 있다. 경화가 끝난 후 뜨거울 때 촉매를 제거하고 탈취공정을 거쳐 냄새를 충분히 제거한 후 마가린, 쇼트닝의 원료로 사용한다.

경화유는 산화와 열에 대한 안정성이 증가하고 융점이 높아져 고체 지방량이 증가되며 색, 풍미 등이 개선된다. 그러나 제조과정 중 생성되는 트랜스지방산의 건강위해성 때문에 과잉 섭취에 주의해야 한다.

마가린은 경화유, 면실유, 대두유 등의 식물성기름과 경화어유, 우지, 돈지 등의 동물성기름을 원료로 하여 소금, 비타민 A, 카로틴, 향료, 유화제 등을 넣어 유화시켜 만든다. 수분 15~16%, 유지 80% 이상의 배합율을 가지는 버터의 모방식품으로 버터보다 리놀레산 함량이 많고 신전성이 우수하다. 쇼트닝은 라드의 모방식품으로 경화유, 식물성기름과 동물성기름을 원료로 제조하며 마가린과 달리 수분함량이 0.5% 이하인 거의 순수한 기름만으로 구성되어 있고, 향료, 착색료, 소금 등을 혼합하지 않으며 유화공정 없이 고루 배합하는 공정으로 제조한다. 고루 배합한 후 급냉하고 10~20%의 질소가스 또는 탄산가스를 섞어 쇼트닝성, 크림성, 가소성을 좋게 하고, 컨시스턴시(consistency, 끈기를 갖는 성질)를 갖게 한다.

식품의 포장

식품의 생산과 소비에 이르는 전 과정에서 내용물을 보호하고 보존성, 안전성을 높이며 상품가치의 향상을 위해 포장한다. 식품위생법에서는 용기, 포장을 '식품 또는 식품첨가물을 넣거나 싸는 것으로서 식품 또는 식품첨가물을 주고받을 때 함께 건네는 물품'으로 정의하고 있다.

1. 식품포장의 목적 및 구비조건

식품포장은 식품을 기밀상태로 포장하여 미생물, 수분, 공기 등과 차단하고 변패를 방지하며 가열, 살균처리나 불활성가스로 대체, 밀봉하여 식품을 보존하는 것이다. 즉 식품포장의 목적은 위생성, 보호성, 작업성, 간편성(취급의 편리성), 상품가치성 향상 등에 있다. 식품포장재의 구비조건은 독성물질이 존재하지 않아야 하고, 식품의 부패를 방지해야 하며, 흡습성 등과 같은 수분 이동이 없어야 한다. 포장된 식품의 맛 변화를 억제해야 하고, 내용물을 볼 수 있도록 하여 소비자가 안심할 수 있어야 한다. 또한 식품을 포장하는 과정 중 물리적 손상을 받지 않아야 하며, 개봉이 쉽고, 섭취 후 폐기가 용이해야 하며, 가격이 저렴해야 하고 환경 친화적이어야 한다.

2. 식품포장재의 종류

(1) 종이

종이는 가볍고 인쇄적성이 좋으며 가격이 저렴하나 기체투과성이 크고 내수성, 방습성, 열접착성이 없는 것이 단점이다. 크라프트 펄프로 만들어진 크라프트지와 황산지, 왁스지 등의 가공지로 분류된다. 크라프트지는 황산펄프로 만드는데, 과자 등의 포장에 이용되는 크라프트지는 강도가 강하지 않지만, 설탕, 밀가루 등의 중포장대로 이용되는 크라프트지는 강도가 강한 것으로 사용하고 있다. 가공지는 종이에 적절한 화학적 처리를 하여 특성을 개선한 것이다. 황산지는 종이를 황산에 담가 만든 것으로 황산에 의해 표면층이 용해되어 다공성이 감소되고 내수성, 내유성이 있으며 물리적 강도가 크므로 버터, 마가린 등의 속포장지로 이용된다. 왁스지는 방습성이나 열접착성이 좋지 못해 폴리에틸렌, 폴리프로필렌, 합성고무 등을 첨가하여 만들며 주로 과자, 빵, 조미향신료 등의 포장에 이용한다.

여러 겹의 종이 층으로 만드는 다층판지는 식품의 외포장재로 많이 사용하고 있으며, 종이, 플라스틱, 금속 등을 조합하여 만든 컴포지트 캔(composite can)은 녹차, 과자 등의 포장에 이용된다.

(2) 유리

유리는 투명하여 내용물을 볼 수 있고 청량감이 있으며 식품성분과 반응하지 않는 장점이 있으나, 무겁고 외부충격에 약한 단점이 있다. 일반 유리병의 단점을 보완하기 위해 플라스틱류를 함께 사용하여 제조한 경량병은 두께가 얇고 가벼우며 깨질 때 파편이 흩어지지 않는 장점이 있으나, 함유된 플라스틱 때문에 재활용 시 쉽게 분리되지 않는 단점이 있다. 소형 드링크병, 조미료병 등에 사용한다. 유리병의 강도를 강화시킨 강화병은 표면에 무거운 압축층을 형성시켜 강도를 강화시킨 것으로 유리병 무게가 약 40% 정도 가벼워진다. 간장병, 맥주병 등에 사용한다.

(3) 알루미늄박

알루미늄박은 알루미늄을 압연해서 두께 0.015mm 이하로 만든 것으로 가볍고 금속광택이 있으며 내유성이 있어 버터, 치즈 포장에 좋다. 내열성, 내한성, 가스차단성 등이 있고 열전도성 등이 우수하나 내염분성, 내산성, 내알칼리성 등이 떨어져 부식될 수 있다. 기계적 강도가 약하므로 라미네이션 필름을 만들어 강도를 높여 과자류, 라면류 등의 포장재로 사용한다.

(4) 셀로판

펄프로 만든 비스코스를 압출한 후 글리세롤, 에틸렌글리콜 등 유연제로 처리하고 건조시켜 부드럽게 만든 포장재이다. 광택이 있고 인쇄적성이 좋으며 가스투과성이 낮은 장점이 있으나, 산소와 수분 투과성이 크고 열접착성이 없어 폴리염화비닐리덴 등으로 코팅하여 사용한다. 코팅 셀로판은 투명도, 열접착성, 수분과 산소차단성, 강도 등이 좋다. 개봉성이 좋아 도시락, 기내식 등의 뚜껑용 포장에 사용하고, 패스트푸드점의 1회용 케첩 등 소스 포장에 이용한다.

(5) 플라스틱

플라스틱 포장재는 다른 포장재에 비해 많은 장점을 가지고 있어 다양한 식품포장에 이용되고 있으며 가볍고, 가소성이 있으며 내산성, 내알칼리성, 내염분성이 있다. 또한 인쇄적성이 좋고 열접착성이 우수하며 가격이 저렴하다. 그러나 제품에 잔류하는 촉매, 가소제, 유연제 및 미반응의 단량체(monomer) 등의 독성이 우려되며, 유지산화, 영양성분 및 색소파괴 등 단점도 있다.

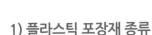

1) 플라스틱 포장재 종류

① 폴리에틸렌(polyethylene, PE)

에틸렌을 고온, 고압 하에서 중합한 저밀도폴리에틸렌(low density PE), 저압에서 중합한 고밀도폴리에틸렌(high density PE)이 있다. 폴리에틸렌은 가격이 저렴하고 가볍고, 방습성, 방수성이 좋다. 저밀도폴리에틸렌은 식품포장에 폭넓게 사용하며 내한성이 커서 냉동식품포장재로 이용되고 유연성이 좋아 봉투, 백 등에 사용되며 열접착성이 우수하여 다른 포장재와 라미네이션 필름을 만든다. 고밀도폴리에틸렌은 유연성은 떨어지지만 기체 차단성이 좋으며 주로 가열살균포장용기로 사용한다.

② 폴리프로필렌(polypropylene, PP)

광택성, 투명성, 내유성, 내한성, 방습성이 있고 내열성이 커서 레토르트파우치 포장재로 이용하며, 산소투과성이 커서 알루미늄으로 라미네이션하여 산소를 차단하여 사용한다. 폴리프로필렌에는 늘리지 않는 무연신 폴리프로필렌(cast PP, CPP)과 가로, 세로로 연신한 이축연신 폴리프로필렌(oriented PP, OPP)이 있다. 무연신 폴리프로필렌은 제빵류, 과일, 채소 포장에 사용되며, 이축연신 폴리프로필렌은 투명성, 광택성, 기계적 강도가 높아 과자류, 라면 등 포장재에 사용된다.

③ 폴리염화비닐(polyvinyl chloride, PVC)

내유성, 내산성, 내알칼리성이 크지만 열에 불안정하고 단단하고 부서지기 쉬운 특성이 있다. 가소제를 첨가하였을 경우 부드럽고 유연성이 커지고 광택, 투명성이 증가하며 산소투과도가 높아져 육류 포장에 사용하고 있고, 수분투과성이 증가되어 채소류 포장에 사용하면 수분응축을 방지하고 선도유지에도 좋다. 가소제를 적게 사용한 경질 폴리염화비닐은 내유성, 내산성, 내알칼리성 및 가스차단성이 좋아 유지류의 식품포장에 사용한다.

④ 폴리염화비닐리덴(polyvinylidene chloride, PVDC)

광택성, 투명성이 좋고 수분과 기체 투과성이 낮으며 방습성, 내수성, 내열성, 인쇄적성이 좋다. −30℃의 온도에서도 유연성을 유지하며 식품 포장 후 가열처리하면 수축하여 밀착포장이 가능하다. 또한 용융점이 높아 전자레인지용 랩에 사용하며, 김 포장 등 향 보존이 필요한 식품의 포장재로 이용한다. 폴리염화비닐리덴은 부패되기 쉬운 축산 및 어류 가공품의 수축포장에 주로 이용하는데 그 이유는 투명포장으로 내약품성, 내유성이 좋고 풍미보호성과 광선차단성으로 육제품의 변색방지에 효과적이고, 가스투과성(기체 비투과성)

과 흡습성이 낮아 습기를 방지하는 특성이 있기 때문이다. 폴리염화비닐리덴으로 코팅하여 만든 폴리프로필렌 필름을 사용한 form/fill/seal 포장법은 이산화탄소 농도로 환경기체를 조절하여 곰팡이 등 미생물에 의한 변패 없이 식품을 오래 저장할 수 있는 가스치환 포장법이다.

⑤ 폴리아미드(polyamide, PA)

인장강도, 내마모성, 기름에 대한 차단성 등이 우수하여 밴드, 끈 등에 사용한다. 낮은 온도(-60℃)에서도 유연성이 있어 냉동식품포장에 사용하며 고온(160℃)에서도 잘 견딘다. 가스차단성이 우수하며, 질기고 유연성이 있어 육가공품의 진공포장, 냉동식품, 치즈, 장류 포장 등에 이용한다.

⑥ 폴리스틸렌(polystyrene, PS)

가볍고 투명성, 인쇄적성, 단열성이 좋지만 수분과 기체 투과성이 크고 내열성, 내한성이 좋지 않다. 폴리스틸렌을 이축 연신하면 강도와 유연성이 증가하여 과자의 내포장용 트레이에 사용한다. 부탄 등의 발포제를 배합하여 제조한 발포성 폴리스틸렌은 달걀용기나 생선의 트레이 등으로 사용한다. 고무성 물질을 넣어 제조한 내충격성 폴리스틸렌은 스티로폼이라고도 하며 아이스박스, 컵라면 용기 등의 제조에 사용한다.

⑦ 에틸렌비닐 알코올(ethylene-vinyl alcohol EVOH)

투명성, 광택성, 가스차단성, 향미보존성, 내유성, 내약품성, 열접착성이 우수하지만 습기에 약한 것이 단점이다. 폴리프로필렌 등과 혼합하여 습기차단성을 높여 사용하며 컵이나 용기로 이용한다.

⑧ 폴리에스터(polyester, PET)

폴리에스터는 유리병에 비해 가볍고 질기며 유리병처럼 깨짐 등에 의한 위험성이 없어 이용이 증가하고 있다. 이축연신 폴리에스터는 질기고 기체와 수증기 차단성이 우수하며 내열성, 내한성이 좋다. 사용 온도 범위가 넓어 -60℃에서 경화되지 않고 150℃로 가열해도 연화되지 않는다. 폴리에스터는 냉동포장재로 적합한데 산소투과성이 적어 식품의 산화방지에 적합하기 때문이다. 산화방지에 적합한 포장재로는 폴리에스테르, 폴리염화비닐리덴 등을 기본으로 한 복합필름(lamination)도 있다.

3. 포장재 특성과 사용용도

식품포장재는 위에서 살펴본 바와 같이 종이, 유리, 알루미늄박, 셀로판지, 플라스틱제품(폴리에틸렌, 폴리프로필렌, 폴리염화비닐, 폴리염화비닐리덴, 폴리아미드, 폴리스틸렌, 에틸렌비닐 알코올, 폴리에스터) 등이 사용된다. 식품포장재는 광선, 기체, 수분 등의 투과성, 물리적 강도, 밀봉작업의 간편성 및 가격 등의 차이가 있기 때문에 포장할 식품의 특성에 적합한 포장재를 사용해야 포장의 최대효과를 얻을 수 있으므로 각 포장재의 특성을 잘 파악해야 한다.

예를 들어 과실, 채소 및 신선한 육류의 포장에 수분투과도가 낮고 산소투과도가 높은 포장재를 사용해야 하고, 건조식품 포장에는 수분과 산소투과도가 낮은 포장재가 좋으며, 무호흡 식품은 진공, 질소충진 포장을 해야 한다. 우유 포장에 적합한 포장재는 종이, 유리병, 플라스틱 등이 있으며 스테인리스스틸재는 적합하지 않다. 식육제품 포장 시 식용이 가능한 포장재로는 콜라겐 케이싱이 있는데 이는 일종의 가식성 필름이다.

동결식품 포장에는 저온에서도 유연성을 보존하고 열수축이 일어나며, 수분과 산소의 투과도가 낮아야 한다. 또한 방습성, 내한성이 있고 가스투과성이 낮으며 가열수축성이 있는 저압폴리에틸렌, 폴리염화비닐리덴 등 사용하는 것이 좋으며 특히 내한성에 주안점을 두도록 한다. 가열식품은 PVDC로, 냉동식품은 PE, 유제품의 경우는 불투기성필름을 사용하면 좋다.

포장목적에 따라 포장재를 선택해야 하는 것이 효율적인데 예로 광선 차단에는 알루미늄박과 종이류를 사용하고, 향이나 취기의 차단을 위해서는 알루미늄박, 폴리염화비닐리덴, 폴리에스터 및 폴리프로필렌 포장재를 사용한다. 내유성을 가진 포장재로는 알루미늄박, 셀로판, 폴리아미드, 폴리에스터, 폴리염화비닐리덴 등이 있다. 공기와 가스 차단을 위해서는 알루미늄박, 폴리아미드, 폴리에스터, 방습 셀로판, 폴리염화비닐리덴을 선택한다. 또한 수분과 습기 차단을 위해서는 알루미늄박, 폴리프로필렌, 폴리에틸렌, 폴리에스터, 방습 셀로판 등을 사용해야 한다.

플라스틱 필름은 여러 층으로 라미네이션한 필름을 사용하는데, 라미네이트에는 종이류, 알루미늄박, 플라스틱 필름류 등을 사용한다. 예로 셀로판/폴리에틸렌 라미네이션 필름은 방습성, 밀봉성이 있어 스낵, 과자 등의 포장에, 폴리에틸렌/폴리에스터 라미네이션 필름은 내유성으로 김치, 떡, 액체수프의 포장에, 폴리에스터/폴리에틸렌/알루미늄박/폴리에틸렌 라미네이션 필름은 방습성, 가스차단성 및 차광성이 있어 라면스프, 조미김 등의 포장에 사용한다.

참고문헌

- 금종화 외 공저, 식품위생관련법규, 도서출판 효일, 2013
- 김덕웅 외 공저, 식품가공저장학, 광문각, 2001
- 김우정 외 공저, 식품가공저장학, 도서출판 효일, 2011
- 김우정 외 공저, 식품가공학 기초이론, 도서출판 효일, 2012
- 김형열 외 공저, 식품가공기술학, 도서출판 효일, 2003
- 남궁석 외 공저, 식품가공저장실습, 선진문화사, 2002
- 송재철 외 공저, 식품가공저장학, 도서출판 효일, 1998
- 신성균 외 공저, 식품가공저장학, 파워북, 2008
- 안용근 외 공저, 식품가공저장학, 도서출판 효일, 2006
- 안용근 외 공저, 현대식품가공실험, 도서출판 효일, 2000
- 이경애 외 공저, 식품가공저장학, 교문사, 2004
- 노봉수 외 공저, 식품가공저장학, 수학사, 2009
- 최순남 외 공저, 조리원리, 도서출판 효일, 2014
- 한국식품과학교수협의회, 식품(산업)기사 이론 및 실기, 지구문화사, 2012
- 황혜성 외 공저, 한국의 전통음식, 교문사, 2010

찾아보기

저자소개

최순남

- 삼육대학교 식품영양학과 교수

정남용

- 경인여자대학교 식품영양과 교수

식품가공저장학

발 행 일		2014년 11월 28일 초판 발행
		2018년 3월 2일 개정판 발행
지 은 이		최순남 · 정남용
발 행 인		김홍용
펴 낸 곳		도서출판 효일
디 자 인		에스디엠
주 소		서울시 동대문구 용두동 102-201
전 화		02-460-9339
팩 스		02-460-9340
홈 페 이 지		www.hyoilbooks.com
E m a i l		hyoilbooks@hyoilbooks.com
등 록		1987년 11월 18일 제6-0045호
정 가		19,000원
I S B N		978-89-8489-443-3